Arturo Antolín Velasco Velasco

Fundamentos de la Conservación de Alimentos

Arturo Antolín Velasco Velasco

Fundamentos de la Conservación de Alimentos

Recopilación bibliográfica de los aspectos teóricos y prácticos que rigen la conservación de alimentos

Editorial Académica Española

Publisher:
Editorial Académica Española
is a trademark of
Dodo Books Indian Ocean Ltd. and OmniScriptum S.R.L publishing group

120 High Road, East Finchley, London, N2 9ED, United Kingdom
Str. Armeneasca 28/1, office 1, Chisinau MD-2012, Republic of Moldova, Europe
Managing Directors: Ieva Konstantinova, Victoria Ursu
info@omniscriptum.com

Printed at: see last page
ISBN: 978-620-0-02967-6

ÍNDICE

INTRODUCCIÓN

Desde el inicio de la agricultura neolítica, cuando el ser humano empezó a cultivar plantas y domesticar animales, se topó con la dificultad de mantener los alimentos de una estación a otra y comprender las operaciones para su transformación. Desde aquel momento, la demanda de conservar los alimentos y su industrialización ha crecido de manera constante, especialmente debido al crecimiento acelerado de la población global y el correspondiente traslado de las áreas rurales a las áreas urbanas.

Los alimentos constituyen una de las necesidades primordiales de todos los organismos vivos, especialmente del ser humano. Sus componentes, estructura y preservación son fundamentales para llevar a cabo las funciones esenciales. A lo largo de su evolución, el ser humano persiguió tener acceso a los productos, mantenerlos frescos y de excelente calidad, lo que derivó en la necesidad de preservar los alimentos para su consumo. Es esencial entender y conservar correctamente los alimentos para satisfacer las necesidades nutricionales de la humanidad.

El objetivo de este libro es que las personas puedan conocer y comprender los métodos tradicionales y emergentes de conservación de alimento; así mismo es importante comprender que la preservación de los alimentos se basa en la naturaleza del alimento, además de la temperatura y los periodos de aplicación de los diferentes métodos, y que la multiplicación de los microorganismos que degradan los alimentos, también necesitan una temperatura y condiciones específicas para su supervivencia.

I.- FUNDAMENTOS DE LA CONSERVACIÓN DE ALIMENTOS.

1.1.- Industria alimentaria

Para comprender por qué se deben conservar los alimentos, es necesario establecer un contexto económico e indicar la importancia nacional de los alimentos. A nivel macroeconómico, la industria alimentaria es la tercera más importante en México:

1) Industria petrolera.

2) Industria química básica.

3) Industria alimentaria (PIB superior al 5.5 %).

Con respecto a la industria alimentaria, la del tabaco y la de bebida, son actividades clave en la economía nacional; las relaciones más importantes de estos sectores se corresponden con la agricultura, la ganadería y la pesca, debido a que constituyen su fuente principal de materias primas; también interactúan de manera muy estrecha con la industria de envases, empaques y con el sector comercial.

La rama alimentaria está conformada por trece divisiones:

a) Productos cárnicos y lácteos.

b) Envasado de frutas y hortalizas.

c) Molienda de trigo.

d) Molienda de nixtamal.

e) Beneficio y molienda de café.

f) Azúcar.

g) Aceites y grasas comestibles.

h) Alimentos para animales.

i) Otros productos alimenticios.

j) Bebidas alcohólicas.

k) Cerveza.

l) Refrescos embotellados.

m) Tabaco

De ahí la importancia de la industria alimentaria, permitiendo en cada sector la conservación de las materias primas mediante la aplicación de diversas tecnologías de conservación.

La alimentación es una necesidad fundamental del hombre, por ello el valor de la conservación de alimentos. Para comprender qué es la conservación de alimentos y cómo se clasifican los diferentes métodos que existen, es necesario conocer cómo surgieron y los factores que influyeron para su desarrollo. En los siguientes apartados se describirán estos puntos.

1.2.- Historia de la conservación de los alimentos.

El almacenar y conservar alimentos hasta hoy ha sido una práctica recurrente desde épocas pasadas, aunque se desconoce cuándo se comenzó a utilizarse para poder ingerirlos sin que se estropearan.

Aunque los cazadores- recolectores se desplazaban buscando alimento y mejores refugios, la verdadera necesidad comenzó durante el neolítico. A partir de ésta época, el aumento de la población obligó a utilizar la ganadería y la agricultura como sostén de las sociedades, con lo que había que almacenar grandes cantidades de alimentos para los tiempos de escasez. Los excedentes de las buenas cosechas se intercambiaban con otros productos de los pueblos lejanos.

Desde tiempos muy remotos el hombre ha tenido la necesidad de conservar sus alimentos de tal manera que estos permanezcan en condiciones de ser ingeridos; por ello ha recurrido a diferentes procesos que permiten conservarlos como el secado, ahumado, curado y salado, los cuales han sido procesos de conservación muy comunes desde tiempos muy remotos. Según las zonas geográficas se utilizaban unos y otros, pues no era lo mismo intentar secar carne o pescado en África que en el norte de Europa, donde ahumaban más alimentos. En Mesopotamia era común el secado y en las costeras la salazón.

La conservación por el frío, sólo se puede practicar en regiones en las que la mayor parte del año las temperaturas son bajas. Durante el invierno las provisiones se conservaban muy bien al aire libre, si se colocan lejos de los animales carnívoros. También se utilizaban cavidades en el suelo helado o grutas naturales.

El secado se realizaba al aire libre, en un lugar cerrado bajo la acción del sol. En las regiones árticas de América se realizaba el secado de la carne y luego se reducía a polvo. También se realizaba el secado del pescado en muchas regiones. Los cereales también hay que secarlos, así como otras plantas, dejándolos al aire libre. El ahumado, de todo tipo de animales, no ha sido tan frecuente como el secado. Las zonas donde más se ha realizado son en Europa,

América del Norte y Polinesia. Consiste en colocar colgados los restos de los animales bajo una hoguera que despida mucho humo.

Por otra parte, son muy importantes los recipientes para poder conservar los alimentos. Los graneros aparecieron durante el neolítico y consistían en una construcción aislada e independiente. En el Egipto prehistórico ya se utilizaban. También los recipientes de la vida diaria eran muy importantes, tanto los permeables (cestos, cajas, arcas...), como los impermeables. En esto último fue básica la invención de la cerámica, aunque antes se utilizaba el cuero o la madera para fabricar recipientes que soportaran líquido.

1.3.- Impacto de la Ciencia y la Tecnología en la conservación de alimentos.

El primer hombre tuvo muy pocas oportunidades de obtener alimento por otro medio que no fuera la caza. No le importó el paso del tiempo y despreció la necesidad de proveer para sus necesidades futuras. Se estima que en los tiempos prehistóricos un solo hombre contaba para vivir con 10,000 acres de tierra. En la medida que desarrolló las cualidades que llamamos humanísticas, dirigió sus aptitudes hacia la obtención de un suministro de alimento constante. Los requerimientos de tierra para alimentar a una persona, fueron gradualmente reducidos de 1,000 a 100 y a 1. Si continúa esta tendencia, al final la producción de alimentos no dependerá del suelo fértil, ya que el hombre habrá industrializado la producción de alimentos.

Ha habido períodos en la historia, en que el hombre ha incrementado su suministro de alimentos más que su número. Estos períodos fueron cortos, así como sus períodos de altos niveles de vida. El término "nivel de vida" requiere una definición, ya que puede haber tantas interpretaciones como hay gente. Puede incluir el espacio para vivir por persona, el número de peces en una corriente y el número de pescadores que tratan de pescarlos, la cantidad de alimentos disponibles para la mesa del comedor, los recursos forestales, las áreas para acampar, las reservas de aceite, el número de mesas para paseos campestres, etc.

1.4.- El Hombre de Pekín y la reserva de alimentos.

En el tiempo del Hombre de Pekín, hace medio millón de años, había poco menos de un millón de individuos sobre la tierra. En el tiempo del hombre de Neanderthal, varios cientos de miles de años después, había unos pocos millones sobre la tierra. La población de la tierra hace 2000 años era de unos 200 millones; sin embargo, sólo el mantenerse vivos les fue difícil. En los Estados Unidos se alcanzará una población de 200 millones en unos cuantos años más. Una de las hazañas de la ciencia y tecnología actual es que el ciudadano promedio de los Estados Unidos tiene a su disposición una dieta más variada que la de los reyes antiguos. Esto indica que el suministro moderno de los alimentos es un resultado de la investigación del hombre en los fenómenos naturales y la aplicación de sus descubrimientos para su propia ventaja. Pero, ciertamente, no podemos pasar por alto el impacto del número absoluto sobre los suministros de alimentos y la pirámide de la vida sobre la tierra.

1.5.- Industria alimentaria de hoy.

La industria alimentaria del presente tiene sus orígenes en la prehistoria. Fue en este período en el que el hombre comenzó a conservar los alimentos para evitar el hambre o mejorar su comestibilidad. Secó el grano para mejorar su conservación y asó la carne para mejorar su sabor. Posteriormente desarrolló máquinas para el tratamiento de los alimentos que le permitieron reducir el tiempo y esfuerzo requeridos por lo métodos manuales. Así, aprovechó el agua, el viento y la tracción animal para moler los granos.

Los métodos bioquímicos de elaboración se utilizaron por primera vez en Egipto, para la preparación de alimentos fermentados como quesos y vinos. Durante mucho tiempo, estos métodos de conservación y elaboración se utilizaron tan sólo a escala doméstica para satisfacer las necesidades familiares. Sin embargo, a medida que las sociedades se fueron desarrollando fue implementándose la especialización y aparecieron los primeros oficios (por ejemplo, panaderos y cerveceros) como precursores de la industria alimentaria actual.

En los países de clima templado estas técnicas de elaboración fueron desarrollándose a través de generaciones, con objetivo de conservar los alimentos durante el invierno y para abastecer en otras épocas del año. El crecimiento de los pueblos y ciudades dio impulso a estas técnicas de conservación. La vida útil de los alimentos se prolongó y se hizo posible su transporte desde las áreas rurales a las urbanas para satisfacer las necesidades de la población.

Durante el siglo XIX se construyeron fábricas que incrementaron la capacidad de producción de alimentos básicos como el almidón, el azúcar, la mantequilla y productos de panadería. Estos procesos de elaboración discontinuos se basaban en la tradición y la experiencia ya que no se disponía en aquel entonces de un conocimiento detallado de la composición de los alimentos, o de los cambios que en éstos provocaban los procesos de elaboración.

Hacia el final del siglo el incremento científico permitió la transformación de la industria artesanal en una industria basada en el conocimiento científico, fenómeno que todavía prosigue en la actualidad. Fue en esta época en la que se diferenciaron claramente dos mercados distintos: uno que incluía la mayor parte de los alimentos procesados, más baratos, cuya preparación se completaba posteriormente antes de su consumo, en casas o en establecimientos de "catering" (por ejemplo: harina, azúcar, carnes enlatadas verduras) y otro, (de lujo) que incluía, entre otros productos, el café y las frutas tropicales enlatadas (por ejemplo: piña y melocotón).

El desarrollo de gran variedad de alimentos (para consumir, snacks y platos cómodos) actualmente en el mercado ha sido un fenómeno relativamente reciente. En la actualidad, como en el pasado, el objetivo de la industria alimentaria es cuádruple:

a) Prolongar el período en que el alimento permanece comestible (vida útil) mediante técnicas de conservación que inhiben el crecimiento microbiano y los cambios bioquímicos (lo cual permite disponer de mayor tiempo para su distribución y almacenamiento doméstico).

b) Aumentar la variedad de la dieta ampliando el rango de bouquets, colores, aromas y texturas (características conocidas globalmente como "comestibilidad", "calidad organoléptica" o "calidad sensorial"). Un objetivo relacionado con éste son los cambios de forma a los que algunos alimentos se someten para permitir su posterior elaboración (por ejemplo: la molienda de granos para la obtención de harina).

c) Proporcionar los nutrientes necesarios para la conservación dela salud ("calidad nutritiva de un alimento").

d) Generar beneficios.

Cada uno de estos objetivos, persiguen en mayor o menor grado, en cualquier proceso de elaboración. Su importancia relativa depende del alimento en cuestión. Así, por ejemplo, el objetivo de la congelación de las verduras consiste en mantener sus características organolépticas y su valor nutritivo, lo más próximas a las del producto fresco.

El principal objetivo de la congelación consiste, por tanto, en la conservación del alimento. Por lo contrario, la elaboración del snacks y productos de pastelería trata de proporcionar una dieta más variada: a partir de diversos alimentos frescos se elaboran una serie de productos de forma, sabor, color y textura distintos.

En la elaboración de cualquier alimento éste se somete a una combinación de manipulaciones de métodos de conservación con objeto de conseguir determinados cambios en la materia prima. Estos métodos, denominados operaciones unitarias, ejercen sobre el mismo efecto específico que puede identificar y predecir.

Combinando distintas operaciones unitarias se obtiene un determinado proceso de elaboración. El tipo de operaciones unitarias que intervienen en el mismo y su orden de intervención determina la naturaleza del producto final.

1.6.- Resumen final.

En los países industrializados el mercado de alimentos está cambiando. El consumidor ya no exige que la mayor parte de los alimentos que consume se conserve a temperatura ambiente durante meses. Los cambios en el estilo de vida y la difusión de los congeladores y los hornos de microondas se han reflejado en el incremento en la demanda de alimentos de más cómoda preparación, adecuados para su almacenamiento en congelación, o conservables a temperatura ambiente durante algún tiempo. Existe también, por parte de algún sector de consumidores, una creciente demanda de alimentos más parecidos al alimento original (más saludables), preparados mediante métodos menos agresivos. Todas estas tendencias han influenciado, en gran manera, los cambios que, en la actualidad, están teniendo lugar en la industria alimentaria.

Los cambios registrados en la tecnología de elaboración de alimentos han sido determinados en partes por los sustanciales incrementos registrados tanto en los costes energéticos como de mano de obra. Los fabricantes han tenido que revisar la actitud que les permitía en el pasado utilizar procesos de elaboración que no requerían grandes inversiones, pero que, en cambio, eran energéticamente poco eficaces y requerían abundante mano de obra. En la actualidad, las instalaciones modernas, permiten, mediante un control cada día más sofisticado de las condiciones de elaboración, conseguir ambos objetivos: reducir los gastos de producción, así como el efecto adverso sobre la calidad nutritiva y las características organolépticas del producto, de algunos procesos de elaboración (tratamientos térmicos).

El ahorro energético es una característica común a muchas de las modernas instalaciones de elaboración de alimento. Y si bien estas requieren mayores gastos de instalación reducen el consumo energético y los gastos de fabricación. Además, requieren menos mano de obra y proporcionan un producto de mayor calidad con lo que los beneficios aumentan al aumentar las ventas. Hoy los microprocesadores se emplean profusamente para el control de las instalaciones de la elaboración de alimentos. En la actualidad la automatización global del proceso de elaboración, desde la recepción de la materia prima hasta el embalado y almacenamiento es ya una realidad.

El uso del calor para la elaboración y conservación de los alimentos, constituyen un método de gran interés desde diversos puntos de vista ya que: por una parte, constituye el procedimiento más cómodo para prolongar la vida útil de los alimentos destruyendo la actividad enzimática y microbiana o eliminando su contenido en agua; por otra, ya que el calor cambia las propiedades nutritivas y las características organolépticas del producto, y finalmente, porque su utilización es responsable de una parte importante de los gastos de fabricación.

II.- BASES DE LA CONSERVACIÓN DE ALIMENTOS

El significado de conservar un alimento es un tema muy amplio de estudiar, el cual depende de muchos factores culturales, ambientales, entre otros. El término conservación, de manera breve se define como "modo de mantener algo sin que sufra merma o alteración".

La conservación de alimentos, en su contexto más amplio se puede definir como la aplicación de tecnologías encargadas de prolongar la vida útil y disponibilidad de los alimentos para el consumo humano y animal, protegiéndolos de microorganismos patógenos y otros agentes responsables de su deterioro, y así permitir su consumo futuro.

La conservación de alimentos utiliza mecanismos tradicionales, así como nuevas tecnologías, el objetivo principal es preservar el sabor, los nutrientes, la textura, entre otros aspectos. Si un producto no logra lo anterior, entonces la conservación no cumple su propósito.

La conservación de alimentos, requiere por parte de la industria procesadora de:

1) Un desarrollo adecuado y una alta responsabilidad en la aplicación de tecnologías con miras al mejoramiento de operaciones.

2) Reducción del costo de producción.

3) Aunado a un incremento del volumen de la producción.

4) Así como a la optimización de la calidad de los productos que se ofrecen al consumidor

Por lo tanto, es fundamental conocer ampliamente las características de los alimentos, para aplicar un proceso de conservación determinado. Así, se puede establecer la siguiente clasificación:

a) Prevención o retraso de la descomposición bacteriana, con la finalidad de mantener los alimentos sin microorganismos y eliminar los existentes.

b) Retrasar el proceso de descomposición de productos y alimentos, a través de la aniquilación de sus enzimas y alentar las reacciones químicas naturales que tienen los alimentos (hidrólisis, oxidación, etc.)

c) Prevención de las alteraciones que se deben a insectos (plagas), animales superiores (roedores), microorganismos, etc.

2.1.- La alteración de los alimentos, causas y consecuencias

Debido a los cambios climáticos y a la ausencia de condiciones para conservar los alimentos, la industria ha establecido una clasificación general:

1) Alimentos perecederos: Se integran esencialmente por los productos que tienen una vida útil muy corta, lo cual produce que entren en un proceso de descomposición muy rápido. Los productos de primera necesidad que se venden frescos son los que están más expuestos. Algunos ejemplos de este tipo de alimentos son la leche, las carnes, los huevos, las frutas y las hortalizas. Desde su obtención hasta consumo o procesado, pueden tener una vida útil (tiempo que dura el alimento con calidad aceptable) de horas o días a temperatura ambiente.

2) Alimentos semiperecederos: Son aquellos que permanecen exentos de deterioro por mucho tiempo. Como las raíces o tubérculos, granos o cereales, ejemplo de ellos son las papas, las nueces, arroz, pasas, frutas secas.

3) Alimentos no perecederos: Conservan su estructura, calidad y durabilidad, en buenas condiciones a temperatura ambiente, a menos que los invada una plaga. Ejemplo de ellos son las harinas, las pastas (cereales), frijoles secos (leguminosas) y el azúcar (miel). Siendo estos alimentos más estables, donde su vida útil puede ser de meses o años, debido principalmente a su baja actividad de agua.

La industria de los alimentos clasifica a los productos frescos como aquellos que tienen más riesgos de descomponerse, aunque también cuentan con mayores valores nutricionales. Entonces, ¿cómo se puede mantener su alto valor nutricional y además conservarlos el mayor tiempo posible? La conservación de productos animales o vegetales ha sido objeto de innovaciones y de una constante actualización de las medidas tradicionales.

¿Cuáles son las principales causas de la alteración del alimento? En el ámbito académico, se ha estudiado cuál es la principal causa de la "descomposición de los alimentos", como se aprecia en la Tabla 1.

Tabla 1. Alteraciones de los alimentos, orígenes y consecuencias.

Agentes	Factor que intervine en la alteración de los alimentos		
Agentes físicos	Mecánicos		
	Temperatura		
	Humedad, sequedad		
	Aire		
	Luz		
Agentes químicos	Los agentes químicos miden la reacción de oscurecimiento (Maillard)		
	Oxidación de vitaminas		
	Descomposición proteica (mal olor)		
	Fermentación glúcidos (sabor picante)		
	Enranciamiento de lípidos		
Agentes biológicos	Enzimáticos		
	Parásitos		
	Microorganismos:	Bacterias	
		Hongos	
		Levaduras	

El control de mecanismos físicos actúa en los diversos procesos de la industria de los alimentos. Se refiere a la selección de las semillas, los instrumentos para levantar los frutos o vegetales, etc. Cuando se actúa de manera tradicional, se privilegia no adicionar nada que no sea natural.

Cuando la industria no vigila los mecanismos de planta y cosecha de los productos, puede causar una modificación, pérdida o contaminación, lo cual produce invariablemente pérdidas millonarias. Entre estas alteraciones destacan las siguientes:

a) Existen aspectos que alteran la utilidad y sanidad de los productos; así, por ejemplo, una mala transportación y manipulación puede dañar los productos.

b) La actividad química de los alimentos puede aumentar al doble la velocidad de reacción cada 10 °C, en consecuencia, esto puede actuar como un acelerador del proceso de descomposición. Existen otros alimentos que también son sensibles, por ejemplo, los que sus propiedades pueden ser afectadas por el calor (vitaminas) fácilmente se descomponen, principalmente por el cambio de temperatura en su contenido de agua.

c) La humedad facilita el desarrollo de microorganismos, principalmente en la superficie de los alimentos durante el almacenamiento.

d) El ambiente también puede originar la alteración en las proteínas, lo cual afecta de manera directa su apariencia y color. Si el aire entra en contacto con los productos, se facilita la oxidación, y su calidad y utilidad disminuye.

e) La luz también puede afectar que un alimento sea atractivo a la vista del consumidor. La luz desgasta el color, y en determinadas situaciones afecta los nutrientes.

Los alimentos contienen nutrientes en su estado natural, que experimentan cambios químicos, lo cual puede disminuir el efecto de los nutrientes al absorberse por el cuerpo. Estas reacciones durante el almacenamiento de los alimentos, provocan efectos negativos en éstos, inhibiendo su consumo.

Entre las alteraciones más notables destacan:

a) El efecto de oscurecer el alimento (reacción Maillard), el cual se produce por la combinación de los derivados de las azúcares y determinadas proteínas. Cuando se mezclan en los alimentos producen un cambio en el color (pigmentación de color café). Esto puede originarse de manera natural o bien, mediante la tecnología; en algunos casos, este efecto es deseable; por ejemplo, al elaborar cajeta, alimentos dorados, entre otros productos.

b) En bastantes casos, un efecto que se produce es que el producto se arrancia, lo cual produce un sabor desagradable al paladar. En términos simples, ocurre una combinación de hidrólisis y oxidación. El sabor rancio produce un sabor y olor desagradable. Físicamente, podría aparentar estar en buen estado, sin embargo, al probarlo provoca un sabor desagradable al consumidor. Entre los productos que más se arrancian se encuentran las frutas secas, los pescados que se descomponen muy rápidamente y una variedad de aceites.

Estos aspectos producen cambios y modificaciones a los alimentos, generalmente las degradaciones y la descomposición ocurren de manera natural, en estos casos los cambios se denominan biológicos, y pueden ser intrínsecos, como las enzimas; o extrínsecos, como parásitos o microorganismos.

a) Enzimas

En el proceso de descomposición se encuentran las enzimas, las cuales tienen un alto grado de resistencia, incluso en algunos casos, su capacidad de reacción de sobrevivencia aumenta. Este proceso se observa en la siguiente imagen:

Las enzimas tienen la habilidad de modificar la apariencia y por lo tanto, la estructura de los alimentos, es decir, pueden actuar como acelerador en dos posibilidades:

- Obtener un estado más blando de los alimentos.

- Que los alimentos maduren más rápido.

La consecuencia natural en ambas posibilidades es su descomposición, como en la mayoría de las frutas y hortalizas.

b) Parásitos

Otra causa de la descomposición es el manejo inadecuado de la matanza del animal y la manipulación posterior de la carne, afectando la circulación sanguínea y la respiración aerobia, lo cual produce posibilidades de contaminación en los alimentos.

En esta categoría se encuentran los parásitos, diversos insectos y aves, los cuales entran en competencia por ganar alimentos; y los microorganismos, que proliferan muy rápido. En determinados momentos, existen riesgos que pueden afectar la salud de la población. Uno de los riesgos es contraer infecciones que pueden convertirse en un problema de salud pública. Por ello, es indispensable aplicar prácticas de seguridad e higiene en la manipulación de los alimentos, ya que algunos parásitos pueden estar presentes en el alimento, y otros pueden ser causa de una contaminación cruzada desde la recolección hasta el procesamiento del alimento. Por ejemplo, la carne de cerdo puede estar en contacto directo con suciedad, lo que origina la contaminación del alimento.

c) Bacterias

Las bacterias son de las más perjudiciales, tanto por su abundancia como por su elevada tasa de reproducción; pueden producir toxinas (*Clostridium*) o ser infecciosas por ellas mismas (*Salmonella, Listeria*).

A pesar de las dificultades y los efectos negativos que podrían causar los microorganismos en la salud, algunos son pertinentes en la elaboración de productos fermentados, el consumo de éstos es muy variado y tiene implicaciones culturales como en Asia y Europa.

d) Mohos y levaduras.

En otra clasificación se encuentran los mohos que producen una gran variedad de toxinas, y que son capaces de resistir condiciones que otros microorganismos no soportarían. En este grupo también se encuentran las levaduras, que ayudan al proceso de fermentación de los alimentos; de igual forma que los microorganismos, a veces se busca favorecer su desarrollo, para conferir propiedades a los productos fermentados.

Como se mencionó, la naturaleza de cada alimento será determinante para la selección y aplicación de un método de conservación. En el siguiente apartado, se analizarán los factores que afectan la descomposición de los alimentos frescos, así como la clasificación general de los métodos de conservación de alimentos.

2.2.- Características organolépticas y propiedades nutritivas de los alimentos.

Para el consumidor, los atributos más importantes de los alimentos constituyen sus características organolépticas (textura, bouquet, aroma, forma y color). Son éstas las que determinan las preferencias individuales por determinados productos. Pequeñas diferencias entre las características organolépticas de productos semejantes de marcas distintas son a veces determinantes de su grado de aceptabilidad. Constituye un objetivo constante para el industrial alimentario, el mejorar su tecnología de la elaboración para mantener o mejorar las características organolépticas de sus productos tratando de reducir las modificaciones que en ellos provoca el progreso de elaboración.

a) Textura.

La textura de los alimentos se halla principalmente determinada por el contenido en agua y grasa y por los tipos y proporciones relativas de algunas proteínas y carbohidratos estructurales (celulosa, almidones y diversas pectinas). Los cambios en la textura están producidos por la pérdida de agua o grasa, la formación o rotura de las emulsiones, la hidrólisis de las proteínas.

b) Sabor, bouquet y aroma.

Los atributos del sabor son: el dulzor, el amargor y la acidez. Estos atributos se hallan esencialmente determinados por la composición del alimento y no suele afectarles el proceso de elaboración. Constituyen una excepción los cambios provocados por la respiración metabólica de los alimentos frescos y los cambios en acidez y dulzor que pueden producirse durante la fermentación.

Los alimentos frescos contienen mezclas complejas de componentes volátiles que imparten bouquet y aromas característicos. Durante el proceso de elaboración estos componentes pueden llegar a perderse reduciéndose entonces la intensidad del bouquet o destacándose otros componentes de éste y del aroma. También se reproducen, por acción del calor, las radiaciones ionizantes, la oxidación, o la actividad de las enzimas sobre las proteínas grasas o carbohidratos, componentes aromáticos volátiles diversos.

Algunos ejemplos de este fenómeno son la reacción de Maillard, que tiene lugar entre aminoácidos y azúcares reductores, o la que se produce entre los grupos carboxílicos y los productos de la degradación de los lípidos, o la hidrólisis de los lípidos o ácidos grasos y su posterior transformación en aldehídos, ésteres y alcoholes. El aroma de los alimentos se halla determinado por una compleja combinación de centenares de compuestos, algunos de los cuales actúan de forma sinérgica.

c) Color.

Muchos de los pigmentos naturales de los alimentos se destruyen durante el tratamiento térmico, por transformaciones químicas que tienen lugar como consecuencia de cambios en el pH, o por oxidaciones durante el almacenamiento. Como consecuencia de ello, el alimento elaborado pierde su color característico y por tanto, parte de su valor. Los pigmentos sintéticos, son más estables al calor y la luz y a cambios en el pH.

Es por ello que en ocasiones se adiciona a los alimentos antes de su elaboración, para que el color no se pierda durante la misma. En los Capítulos IX-XIV se describen con detalle los cambios que tienen lugar en los pigmentos naturales. El empardeamiento por la reacción de Maillard constituye una causa importante, tanto de los cambios deseables que tienen lugar en el color de los alimentos (por ejemplo: durante el horneado y la fritura) como el desarrollo de sabores extraños (por ejemplo: durante el enlatado y la deshidratación).

2.3.- Características nutritivas.

Muchas operaciones unitarias, especialmente aquellas en las que no interviene el calor, apenas afectan a la calidad nutritiva de los alimentos. Tal ocurre, por ejemplo, con las operaciones de mezclado, limpieza, clasificación, liofilización y pasteurización.

Aquellas operaciones unitarias que tiene por objeto separar los diversos componentes de un alimento, modifican la calidad nutritiva de cada fracción con respecto a la del producto original. En otras operaciones (por ejemplo: escaldado) y durante el goteo que se produce en los alimentos frescos y congelados, se produce también una separación no intencionada de nutrientes solubles (sales, vitaminas hidrosolubles y carbohidratos).

Los tratamientos térmicos son la causa principal de los cambios que se producen en las propiedades nutritivas de los alimentos. Así, por ejemplo, durante los mismos se produce la gelatinización de los almidones y la coagulación de las proteínas, lo que mejora su digestibilidad, al propio tiempo que se destruyen algunos compuestos antinutritivos (por ejemplo: el inhibidor de la tripsina de las legumbres). Sin embargo, el calor destruye también algunas vitaminas termolábiles, reduce el valor biológico de las proteínas (debido a la destrucción de aminoácidos en las reacciones de empardeamiento de Maillard) y favorece la oxidación de los lípidos.

La oxidación constituye otra importante causa de los cambios que se producen en el valor nutritivo de los alimentos por su exposición al aire (por ejemplo: en las operaciones de reducción de tamaño, deshidratación por aire caliente o por acción del calor sobre los enzimas oxidantes: peroxidasa y lipoxigenasa). Los principales efectos de la oxidación sobre el valor nutritivo de los alimentos son:

a) La degradación de los lípidos a hidroperóxidos y reacciones subsiguientes, que dan lugar a una gran variedad de compuestos carboxílicos, compuestos hidroxi y ácidos grasos de cadena corta, y en los aceites de fritura, de diversos compuestos tóxicos, y

b) La destrucción de las vitaminas oxidables.

La importancia de las pérdidas nutritivas de los alimentos durante la elaboración, dependen del valor nutritivo aportado a la dieta por el alimento en cuestión. Algunos alimentos, (por ejemplo: el pan y la leche) constituyen una significativa fuente de nutrientes para un sector importante de la población. Por ello, las pérdidas vitamínicas en estos alimentos poseen una mayor significación que en aquellos que se consumen en menor cantidad, o cuya concentración de nutrientes es baja.

En los países industrializados la mayor parte de la población recibe un suministro adecuado de nutrientes con la mezcla de alimentos que normalmente constituyen su dieta. Por lo tanto, las pérdidas de un determinado componente de la dieta durante la elaboración, son insignificantes para la salud del individuo.

En un ejemplo descrito por Bender (1987) unas reacciones que inicialmente contenían 16,5 g de vitamina A perdieron, durante el enlatado, el 50 % de esta vitamina y el 100 % durante los dieciocho meses de almacenamiento posterior. Si bien estas pérdidas parecen importantes, la ración original contenía tan sólo el 2 % del aporte diario recomendado para esta vitamina (RDA), por lo que la importancia real de las pérdidas era, por tanto, mucho menor. La misma ración que contenía 9 mg de tiamina, el 72 % de la cual se perdió también durante los 18 meses de almacenamiento. El contenido de tiamina era 10 veces superior al aporte diario recomendado, por lo que la cantidad de tiamina que restaba continuaba siendo suficiente.

Las especiales necesidades nutritivas de los bebés prematuros, así como de las mujeres gestantes y los ancianos, pueden construir una excepción al respecto. En estos grupos pueden dar necesidades especiales de determinados nutrientes o puede suceder que las dietas sean menos variadas. Estos casos especiales han sido discutidos en detalle por Watson (1096) y Francis (1986); sin embargo, estos datos deben considerarse con cautela, ya que las variaciones en las pérdidas nutritivas registradas entre distintos cultivares o variedades, pueden superar a las provocadas por los distintos métodos de elaboración.

Las condiciones de cultivo o manipulación y los métodos de preparación antes del procesado, pueden influir sobre las pérdidas de valor nutritivo. Los datos sobre variaciones en el valor nutritivo de los alimentos no pueden extrapolarse a cualquier proceso de elaboración industrial por las diferencias existentes en ingredientes, condiciones del procesado y las características de las instalaciones utilizadas por los distintos fabricantes.

2.4.- Características para la selección del método de conservación.

Para conservar un alimento hay que tener en cuenta diferentes aspectos, para poder elegir el método de conservación más eficiente y con menores riesgos ya sean riesgos de contaminación o problemas en el método de conservación hay tener en cuenta las características del alimento al que le aplicaran las técnicas de conservación también hay que conocer los diferentes tipos de conservación.

2.5.- Tipos de conservación:

Refrigeración y congelación. Se diferencian fundamentalmente por le temperatura que se alcance en el proceso.

Almacenamiento común. Temperaturas no muy diferentes a las exteriores, no suelen bajar de los 15º. Legumbres, verduras, frutas, pueden conservarse de esta forma durante un cierto tiempo.

Refrigeración. Refrigerar supone temperaturas ligeramente superiores a la congelación.

Ventilación. La ventilación o control de la velocidad del aire de la cámara de almacenamiento es importante para el mantenimiento de una humedad relativa uniforme, para la eliminación de olores y para evitar la aparición de olor y sabor a viejo.

Irradiación. La combinación de la radiación ultravioleta con la refrigeración favorece la conservación de ciertos alimentos.

Selección y preparación de los alimentos a congelar. La calidad del alimento a congelar es de gran importancia,

Cambios durante la congelación. La congelación rápida retrasa las reacciones químicas y enzimáticas de los alimentos, deteniendo el crecimiento microbiano.

2.6.- Tipos y medios para conservar alimentos.

Hoy en día existen distintos tipos y medios para conservar alimentos que permitirán alargar en ellos la disponibilidad temporaria para su posterior consumo. Entre los más reconocidos se pueden nombrar la desecación o deshidratación, la salazón o ahumado, el enlatado y embotellado, la congelación y el enfriado o envasado al vacío.

La desecación o deshidratación es uno de los procedimientos más antiguos y consta básicamente de colocar el alimento a altas temperaturas (antiguamente al sol) con el único fin de secar por completo los microorganismos que contaminan las carnes, los vegetales o las frutas que viven únicamente en lugares húmedos.

La salazón o ahumado se utilizó también en tiempos remotos en carnes y pescados; que, mediante la utilización de sal en grandes cantidades, el alimento se deshidrata y evita todo tipo de germen.

La descomposición o deterioro de alimento se le denomina a todo alimento que según la conformidad con los hábitos, costumbres y diferencias individuales no resulte apropiado para el consumo humano. Es un concepto relativo y está ligado a hábitos y costumbres de los pueblos. Muchos alimentos deteriorados no dañan la salud, pero sus características organolépticas pueden estar alteradas.

En general los alimentos son perecederos, por lo que necesitan ciertas condiciones de tratamiento, conservación y manipulación. Su principal causa de deterioro es el ataque por diferentes tipos de microorganismos (bacterias, levaduras y mohos). Esto tiene implicaciones económicas evidentes, tanto para los fabricantes (deterioro de materias primas y productos elaborados antes de su comercialización, pérdida de la imagen de marca, etc.) como para distribuidores y consumidores (deterioro de productos después de su adquisición y antes de su consumo). Se calcula que más del 20 % de todos los alimentos producidos en el mundo se pierden por acción de los microorganismos.

Por otra parte, los alimentos alterados pueden resultar muy perjudiciales para la salud del consumidor. La toxina botulínica, producida por una bacteria, *Clostridium botulinum*, en las conservas mal esterilizadas, embutidos y en otros productos, es una de las sustancias más venenosas que se conocen (miles de veces más tóxica que el cianuro).

Otras sustancias producidas por el crecimiento de ciertos mohos son potentes agentes cancerígenos. Existen pues razones poderosas para evitar la alteración de los alimentos. A los métodos físicos, como el calentamiento, deshidratación, irradiación o congelación, pueden asociarse métodos químicos que causen la muerte de los microorganismos o que al menos eviten su crecimiento.

En muchos alimentos existen de forma natural sustancias con actividad antimicrobiana. Muchas frutas contienen diferentes ácidos orgánicos, como el ácido benzoico o el ácido cítrico. La relativa estabilidad de los yogures comparados con la leche se debe al ácido láctico producido durante su fermentación. Los ajos, cebollas y muchas especias contienen potentes agentes antimicrobianos, o precursores que se transforman en ellos al triturarlos.

Existen factores causales que intervienen en la descomposición o deterioro de los alimentos, estos son: factores físicos, factores quimicos y factores biológicos. El deterioro por radiación: es uno de los factores físicos más importantes y se producen por:

Rayos visibles: Estos modifican el color y origina sabores desagradables a los alimentos por lo que muchos se envasan en frascos de color oscuro.

Rayos invisibles: Producen alteraciones en el olor de determinados alimentos como en las grasas un olor rancio, sabores extraños y destruye la riboflavina de la leche.

Rayos infrarrojos: Producen altas temperaturas las cuales entre otros ocasionan deshidratación de los alimentos, alteración de las proteínas.

Deterioro por compresión: Estropea los alimentos y origina magulladuras, aplastamiento, pérdidas de peso y de nutrientes. Las magulladuras permiten la entrada de microorganismos y esto facilita la descomposición.

Deterioro por enzimas: Origina cambios individuales en el sabor, color, textura del alimento. Muchas frutas peladas se oscurecen rápidamente en su superficie a causa de la actividad de las enzimas oxidasas y el oxígeno. Las enzimas pectasas le confieren viscosidad al jugo de tomate y otras frutas provocando su rápida sedimentación de la porción sólida lo que lo hace poco alterado.

Deterioro por ataques de insectos y roedores: Ocasionan pérdida al ingerir partes de los alimentos y los contaminan con microorganismos así por ejemplo las excretas de las ratas y cucarachas contaminan con salmonella los alimentos; las moscas pueden transmitir la *fiebre tifoidea, shiguelosis, giardiasis*.

Deterioro por microorganismos: Principalmente se producen por bacterias, levaduras y mohos. Los alimentos pueden contaminarse por el propio alimento, el hombre y las superficies.

2.7.- Clasificación de los alimentos por su facilidad de descomposición:

Estables o no perecederos: No se alteran a menos que se manipulen descuidadamente Ej. Azúcar, harina, frijoles secos.

Semiperecederos: Si son apropiadamente manipulados y almacenados pueden permanecer sin problemas por largo tiempo. Ej. Papas, nueces, frutas secas.

Perecederos: Alimentos que se descomponen fácilmente a menos que se usen métodos especiales de conservación. Ej. Leche, carne, pescados, frutas y huevo. Los alimentos conservados son los que después de haber sido sometidos a tratamientos apropiados se mantienen en debidas condiciones higiénicas sanitarias para el consumo en un tiempo variable.

2.8.- Principios en que se basa la conservación de los alimentos:

Retraso de la actividad microbiana: Esto se realiza al mantener los alimentos en asepsia, eliminando los microorganismos existentes por filtración, obstaculizando el crecimiento por bajas temperaturas, desecación y destruyendo los microorganismos por calor.

Retraso de la autodescomposición: A través de destruir las enzimas por escaldado, retrasando las reacciones químicas por ejemplo evitando la oxidación.

Prevención de las alteraciones ocasionadas por insectos, roedores o causas mecánicas: A través de la fumigación, manipulación cuidadosa, envasado correcto, almacenamiento en locales a prueba de insectos y roedores.

 Curva de desarrollo de los Cultivos Microbianos:

Cuando los microorganismos llegan a los alimentos y las condiciones son favorables inician su multiplicación y crecimiento que pasa por una serie de fases sucesivas:

- ✓ **Fase inicial:** No hay multiplicación e incluso disminuye el número de gérmenes.

✓ **Fase de aceleración positiva**: Aumenta continuamente la velocidad de crecimiento y se inicia la división celular.

✓ **Fase logarítmica**: La velocidad de multiplicación es máxima, en esta fase aparecen las toxinas.

✓ **Fase de aceleración negativa**: Disminuye la velocidad de multiplicación, sigue aumentando el número de gérmenes.

✓ **Fase estacionaria**: El número de microorganismo permanece constante.

✓ **Fase de destrucción acelerada.**

✓ **Fase de destrucción final o del declive:** El número de microorganismos decrece a ritmo constante.

Para conservar los alimentos es necesario prolongar al máximo las fases de latencia y aceleración positiva de las siguientes maneras:

-Procurar que lleguen al alimento el menor número de microorganismos.

-Evitar contaminación con recipientes y utensilios.

-Crear condiciones desfavorables para el crecimiento microbiano.

-Acción directa sobre algunos microorganismos como la radiación.

III.- PROCESOS DE CONSERVACIÓN DE ALIMENTOS POR CALOR (Escaldado, Pasteurización y Esterilización)

3.1.- Métodos de conservación mediante altas temperaturas.

Pasteurización. La pasteurización emplea generalmente temperaturas por debajo del punto de ebullición, ya que, en la mayoría de los casos, las temperaturas por encima de este valor afectan irreversiblemente las características físicas y químicas del producto alimenticio; así por ejemplo en la leche, si se pasa del punto de ebullición las micelas de la caseína se agregan irreversiblemente (o dicho de otra forma se "cuajan"). Hoy en día existen dos tipos de procesos: pasteurización a altas temperaturas/breve periodo de tiempo (HTST del inglés: High Temperature/Short Time), y el proceso a ultra-altas temperaturas (UHT – igualmente de Ultra-High Temperature).

Escaldado. Es una técnica culinaria consistente en la cocción de los alimentos en agua o líquido hirviendo durante un periodo breve de tiempo (entre 10 y 30 segundos). Se diferencia del escalfado en que en éste último el líquido no hierve. Tiene el objetivo de ablandar un alimento, o hacer más fácil su posterior pelado (ocurre así con los tomates). En el procesado de vísceras suele cocerse algunos alimentos con el fin de limpiarlos para el consumo humano y que queden libres de algunas de sus mucosas. A veces es una operación anterior a la depilación de ciertos animales sacrificados.

Esterilización de alimentos. Los alimentos comercialmente estériles deben ser calentados hasta una temperatura específica durante un tiempo establecido. Los tiempos y temperaturas específicos dependen del tipo de alimento a esterilizar. Los alimentos líquidos y bajos en ácidos, como la leche, son más propensos al desarrollo de micro organismos y bacterias patógenas que los productos altos en ácidos, como los jugos de frutas.

El tratamiento por UAT (Ultra Alta Temperatura) se realiza en cabinas de intercambio de calor optimizadas antes del envasado. Este proceso minimiza los problemas de penetración del calor y permite tiempos de calentamiento y enfriamiento muy cortos, a la vez que minimiza los cambios no deseados en cuanto al sabor o a las propiedades nutricionales del producto.

3.2.- Pasteurización.

El proceso de pasteurización, en el caso de la leche, consiste en la eliminación de cualquier organismo generador de enfermedades, que puede contener. Además de reducción considerable de la cuenta bacteriana total, a fin de mejorar su capacidad de conservación, también destruye la tripasa y otras enzimas naturales de la leche.

La pasteurización es un grado relativamente bajo de tratamiento térmico, generalmente a temperaturas por debajo del punto de ebullición del agua, 62.7 °C por 30 minutos o 71.5 °C por 15 segundos.

Los productos pasteurizados; por ejemplo, la leche, pueden tener muchos organismos vivientes. Sin embargo, los tratamientos térmicos de la pasteurización son escogidos cuidadosamente, a fin de destruir todos los organismos patógenos que pueden encontrarse en el alimento. Muchas veces la pasteurización se combina con otro método de conservación, y los alimentos pasteurizados generalmente deben estar en un lugar refrigerado.

La leche pasteurizada puede conservase en un refrigerador doméstico durante una semana o más sin que adquiera ningún sabor extraño muy perceptible. Pero si se conserva a la temperatura ambiente, la misma leche se descompondrá probablemente en un día o dos. La eficiencia en la destrucción de organismos varía de acuerdo al número y tipo de bacterias presentes antes de la pasteurización.

Cuando la leche es recibida de gran número de granjas, es difícil salvaguardar de contaminaciones indeseables debido a la poca preparación de algunos granjeros, o enfermedades cuyos síntomas se muestran lentamente en el animal. Con sólo un recipiente que tenga bacterias patógenas, será suficiente para contaminar el resto y si no se pasteurizara sería la causa de muchas muertes. Por esa razón, oficiales de la salud pública, están a favor de la pasterización, la cual es propiamente hecha, protege de los organismos patógenos. También reduce el número de bacterias, prolonga el valor comercial destruye e inactiva gran cantidad de enzimas que dañan la leche.

La leche cruda tiende a desaparecer del mercado de ésta en los países con alto grado de evolución social e industrial. Sin embargo, en muchos países y fuera de las grandes urbes, una gran parte de las poblaciones se mantiene fiel a la leche cruda. Esta persistencia, plantea problemas en cuanto al control de la calidad y a la educación del consumidor.

La pasteurización de la leche aparte de que reduce el número bacterial, prolonga su valor comercial. Existen dos métodos de pasteurización: a) Sistema lento o método de sostenimiento y b) Sistema rápido o alta temperatura por corto tiempo.

3.3.- Esterilización.

La esterilización comprende la destrucción completa de los microorganismos de un alimento para su conservación. Debido a la resistencia de ciertas esporas bacterianas al calor, para destruir se requiere a menudo un tratamiento térmico húmedo a una temperatura mínima de 120 °C durante 15 minutos, o su equivalente. Es preciso que cada partícula del alimento reciba este tratamiento térmico.

El término "esterilidad comercial" describe la condición que existe en la mayoría de los productos enlatados o embotellados, indicando ese grado de esterilidad en que todos los organismos patógenos y generadores de toxinas han sido destruidos, al igual que todos los demás tipos de organismos que, si estuvieran presentes, podrían crecer dentro del producto y provocar su descomposición bajo condiciones normales de manejo y almacenamiento.

Los alimentos "comercialmente estériles" pueden contener un número muy pequeño de esporas bacterianas resistentes, pero normalmente no proliferan en el alimento.

Nuestros alimentos enlatados que son comercialmente estériles pueden ser conservados generalmente durante dos años o más. El deterioro se debe comúnmente a cambios de textura o sabor más que al crecimiento de microorganismos.

3.4.- Escaldado.

El escaldado es un tipo de pasteurización que se emplea generalmente en las frutas y hortalizas con el fin de inactivar las enzimas naturales. Esta práctica es común en los casos en que los productos van a ser congelados, ya que la congelación en si no detendrá completamente la actividad enzimática según el grado en que sea aplicado, el escaldado también destruye algunos microorganismos, lo mismo que la pasteurización inactiva algunas enzimas. A veces los dos términos se emplean industrialmente, pero probablemente sea mejor reservar el término de pasteurización para los tratamientos térmicos destinados específicamente a la destrucción de los microorganismos patógenos.

Esta manipulación no constituye, en sí mismo, un método de conservación sino un pretratamiento normalmente aplicado en el manejo y preparación de la materia prima, o previa a otras operaciones de conservación (en especial la esterilización por calor, la deshidratación y la congelación). El escaldado se combina también con la operación de pelado y/o limpieza, con objeto de conseguir un ahorro, tanto en los gastos de inversión y de espacio, como de consumo energético.

Existen dos métodos de escaldado comercialmente empleados y son:

a) Mantener durante un tiempo el alimento en una atmósfera de vapor saturado o bien como,

b) Sumergido en un baño de agua caliente. Ambos son sencillos y baratos.

La mayoría de las hortalizas que no reciben el tratamiento fuerte de calor, deben ser calentadas para neutralizar las enzimas naturales antes de ser expuestas a procesamientos y conservadas en almacenaje durante largo tiempo. Dos de las enzimas resistentes al calor más importantes son la catalaza y la peroxidasa. Si estas enzimas son destruidas, otras enzimas de gran importancia en las hortalizas, también se encuentran inactivas.

IV.- PROCESOS DE CONSERVACIÓN DE ALIMENTOS POR FRÍO

4.1.- Conservación de alimentos por frío.

La aplicación por frío es uno de los métodos más extendidos para la conservación de los alimentos. El frío va a inhibir los agentes alterantes de una forma total o parcial. Las ventajas son numerosas; por un lado, permiten conservar los alimentos a largo plazo, principalmente a través de la congelación

Estos métodos se caracterizan por la disminución de temperatura, hasta que cesa la actividad de reproducción bacteriana y de vida de los microorganismos, poseen además como característica que detiene la descomposición del alimento. Se caracterizan por tener que mantener lo que se denomina cadena del frío. Estos métodos pueden ser:

Refrigeración: Se suele entender por refrigeración al intervalo que va desde los 2 a 5 °C en frigoríficos industriales y entre 8 y 15 °C en los frigoríficos domésticos.

Congelación: Es la congelación de los alimentos hasta llegar a temperaturas de -30 °C.

Ultracongelación: Se entiende así a un proceso de congelación que debe alcanzar temperaturas inferiores a -40 °C en un periodo no mayor de dos horas.

4.2.- Refrigeración.

La refrigeración es un método de conservación que permite conservar los alimentos durante un tiempo relativamente corto (días a semanas). La temperatura de refrigeración reduce considerablemente la velocidad de crecimiento de los microorganismos termófilos y muchos de los mesófilos, en cambio los de tipo psicótrofo pueden multiplicarse.

En la actualidad se está imponiendo el sobre enfriamiento. La ventaja de este método es que impide o retrasa el crecimiento de microorganismos patógenos y además no produce cristales de hielo. Es importante que la disminución de la temperatura no sea excesivamente rápida porque si no se producirá acortamiento por frío. El sobre enfriamiento está principalmente indicado en pescado.

La refrigeración es aquella operación unitaria en la que la temperatura del producto se mantiene entre -1 y 8 °C y se utiliza para reducir la velocidad de las transformaciones microbianas y las químicas que en el alimento tienen lugar, prolongando la vida útil, tanto de alimentos frescos como elaborados.

La refrigeración y el almacenamiento en frío constituyen el método más benigno de conservación de alimentos. En general, ejercen pocos efectos negativos tanto en el sabor y la textura como en el valor nutritivo. Los cambios globales que ocurren en los alimentos no se presentan o son mínimos, siempre y cuando se observen unas reglas sencillas que los periodos de almacenamiento no sean prolongados más de la cuenta.

Por refrigeración o almacenamiento en frío se entiende el almacenamiento a temperaturas superiores al punto de congelación, abarcando una escala que va desde 15.5 °C hasta -2.0 °C. Los refrigeradores comerciales y domésticos generalmente mantienen una temperatura entre 4.5 °C y 7.0 °C.

Mientras que la refrigeración y el almacenamiento en frío son excepcionalmente benignos y además suelen disminuir la velocidad con que se deterioran los alimentos, en la mayoría de los casos el grado en que se previene ese deterioro no se compara con el grado en que lo previene el calor, la deshidratación, la irradiación, la fermentación o la verdadera congelación.

Esto debido a que la temperatura más baja que se da es de 0 °C, inferior a la que se mantiene normalmente en la mayoría de los refrigeradores comerciales o domésticos. Los productos perecederos como carne, pescado, aves, algunas frutas y hortalizas, a 0 °C se conservan durante menos de 2 semanas. A 6 °C de temperatura de refrigeración usual, se conservan muchas veces por menos de una semana. Por otra parte, estos mismos productos refrigerados a 22 °C o más, se descomponen en un día o hasta en unas horas.

El tiempo que los elementos se mantienen comestibles es aumentado por su almacenamiento a temperaturas menores de 4.4 °C, con excepción de los melones, pepinos y ciertas frutas tropicales (plátanos y piñas). Los melones y los tomates morirán lentamente a temperaturas menores a los 4.4 °C.

Las carnes deben ser refrigeradas en todas las etapas entre la matanza y la comida. Si deseamos guardar la carne por una semana, debemos poner su temperatura por debajo de 4.4 °C rápidamente, de otra manera la carne comenzará a descomponerse. Si queremos conservar la carne por más tiempo, deberemos usar los métodos más drásticos de conservación (congelación, enlatado, radiación, secado, ahumado).

El suministro de alimentos al consumidor exige que se disponga de una adecuada red de distribución compuesta por cámaras frigoríficas, transporte refrigerado, mostradores frigoríficos, etc. Cuando la refrigeración se combina con el almacenamiento en atmósfera controlada, el efecto conservador que se consigue es mayor que el que se obtiene con cada una de estas operaciones unitarias.

Centro térmico

Es el punto del producto en el que la temperatura es la más elevada en el proceso de congelación.

Tiempo de refrigeración

La determinación del tiempo de refrigeración constituye un elemento de importancia práctica, ya que permite conocer el tiempo necesario para que un producto alcance una temperatura dada en su centro térmico partiendo de una temperatura inicial, una temperatura del medio de enfriamiento, configuración geométrica, tipo de envase, etc. Este resultado puede emplearse en el cálculo de la carga por productos correspondiente a la carga térmica. Para el trabajo práctico existen tablas y figuras las que de manera rápida y sencilla permiten determinar el tiempo de enfriamiento de determinados productos en condiciones específicas. Con tales determinaciones se facilita la operación de enfriamiento o congelación de cargas de productos a condiciones establecidas.

4.3.- Congelación.

La congelación es sin duda uno de los métodos más adecuados para la conservación de los alimentos a largo plazo, ya que mantiene perfectamente las condiciones organolépticas y nutritivas de los alimentos.

A pesar de las bajas temperaturas en las que se encuentran los alimentos congelados existen enzimas todavía activas, ya que a las temperaturas normales de congelación (-18 °C) no toda el agua está congelada, aún existe en el alimento en estado líquido.

La congelación es aquella operación unitaria en la que la temperatura del alimento se reduce por debajo de su punto de congelación, con lo que una proporción elevada del agua que contiene, cambia de estado formando cristales de hielo. La inmovilización del agua en forma de hielo y el aumento de la concentración de los solutos en el agua no congelada reduce la actividad de agua del alimento.

Aunque el agua pura se congela a 0 °C, la mayoría de los alimentos empiezan a congelarse hasta que la temperatura esté a -2 °C o más baja. El almacenamiento congelado, se refiere al almacenamiento en el alimento que se conserva en estado congelado. Para un almacenamiento congelado satisfactorio se requiere una temperatura de -18°C o aún más baja.

La congelación bloquea la actividad enzimática y el desarrollo de los microorganismos. El proceso de congelación no destruye sustancias nutritivas. Las pérdidas de estos nutrientes pueden ocurrir durante las operaciones de procesado anteriores y posteriores a la congelación. La congelación provoca la transformación del agua contenida en los alimentos, en cristales de hielo. Es preciso que los cristales sean pequeños, en este caso se reducen las pérdidas de líquido celular durante la descongelación.

La máxima cristalización se presenta entre -5 y -7 °C. Cuanto más rápido alcance estas temperaturas, tanto más pequeños serán los cristales. Durante la fase de cristalización del agua el producto permanece a estas temperaturas. Luego se baja la temperatura del producto. La congelación tal como se utiliza actualmente para la conservación de alimentos, paraliza casi de forma completa e irreversible toda actividad metabólica. Por eso, en la congelación se necesita que el alimento a congelar haya logrado antes un estado de desarrollo o maduración que permita su consumo.

La congelación representa para muchos alimentos el mejor medio de conservación a largo plazo, pues asocia los efectos favorables de las bajas temperaturas a los de la transformación del agua en hielo. Ningún microorganismo puede desarrollarse a una temperatura inferior a -10 °C, por lo tanto, el usual almacenamiento de los productos congelados a -18 °C impide toda actividad microbiana; además la velocidad de la mayoría de las reacciones químicas queda totalmente reducida, y las reacciones metabólicas celulares se paralizan completamente.

Sin embargo, la formación de cristales de hielo tiene el inconveniente de originar, frecuentemente, un deterioro mecánico de la textura del tejido. Cuando la congelación y el almacenamiento se realizan adecuadamente, las características organolépticas y el valor nutritivo del alimento apenas si resultan afectados.

Curva de congelación

El proceso de congelación en los alimentos es más complejo que la congelación del agua pura. Los alimentos al contener otros solutos disueltos además de agua, presentan un comportamiento ante la congelación similar al de las soluciones. La evolución de la temperatura con el tiempo durante el proceso de congelación es denominada curva de congelación. La curva de congelación típica de una solución se muestra en la siguiente figura.

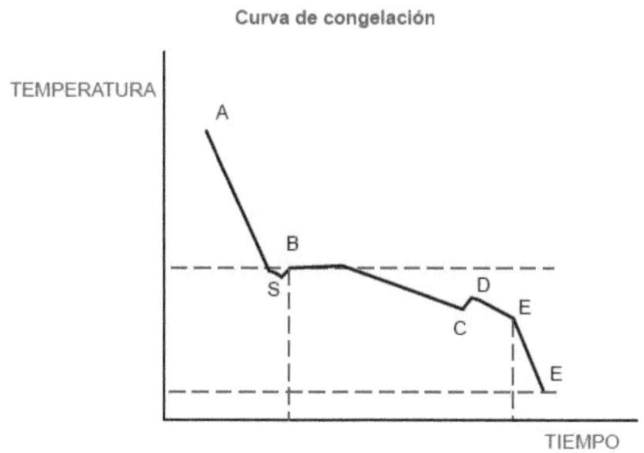

Figura 1. Curva de congelación

Esta curva posee las siguientes secciones:

AS: el alimento se enfría por debajo de su punto de congelación, inferior a 0 °C. En el punto S, al que corresponde una temperatura inferior al punto de congelación, el agua permanece en estado líquido. Este subenfriamiento puede llegar a ser de hasta 10° C por debajo del punto de congelación.

SB: la temperatura aumenta rápidamente hasta alcanzar el punto de congelación, pues al formarse los cristales de hielo se libera el calor latente de congelación a una velocidad superior a la que este se extrae del alimento.

BC: el calor se elimina a la misma velocidad que en las fases anteriores, eliminándose el calor latente con la formación de hielo, permaneciendo la temperatura prácticamente constante. El incremento de la concentración de solutos en la fracción de agua no congelada provoca el descenso del punto de congelación, por lo que la temperatura disminuye ligeramente. En esta fase es en la que se forma la mayor parte del hielo.

CD: uno de os solutos alcanza la sobresaturación y cristaliza. La liberación del calor latente correspondiente provoca el aumento de la temperatura hasta la temperatura del soluto.

DE: la cristalización del agua y los solutos continúa.

EF: la temperatura de la mezcla de agua y hielo desciende. En realidad, la curva de congelación de los alimentos resulta algo diferente a la de las soluciones simples, siendo esa diferenciación más marcada en la medida en que la velocidad a la que se produce la congelación es mayor.

4.4.- Ultracongelación de alimentos.

La ultracongelación es la congelación a muy baja temperatura y muy rápida. Se hace a -40 °C, en un corriente de aire, mediante contacto de planchas o por inmersión en líquido congelante para que la congelación sea aún mayor. La congelación de alimentos en general debe ser los más rápida posible para que el daño en los tejidos sea lo menor posible, por eso es más conveniente la ultracongelación. Es un método muy utilizado cuando se emplean grandes cantidades de alimento, pues es muy efectivo. Su gran inconveniente es que se necesita mucha energía para alcanzar la temperatura deseada.

El agua es el principal componente de la mayoría de los alimentos y la principal responsable de su textura. Congelar los alimentos significa congelar el agua que contienen. Lo mejor es hacerlo de manera rápida, así se forman más cantidad de cristales de hielo de pequeño tamaño y se mantiene la textura y el aroma natural de los alimentos. Sin embargo, si la congelación es lenta, se forman pocos cristales de gran tamaño, que provocan la rotura de tejidos celulares en los alimentos con la consiguiente pérdida de textura durante el descongelado. Durante la posterior descongelación, estos alimentos no podrán reabsorber toda la cantidad de agua y se convertirán en un producto seco.

Los productos alimenticios ultracongelados son aquellos que se han sometido a un proceso de congelación rápida, en cuya ejecución sufren un enfriamiento brusco para alcanzar rápidamente la temperatura de máxima cristalización en un tiempo no superior a cuatro horas. El proceso se completa una vez lograda la estabilización térmica del alimento a -18 °C o inferior. El producto, una vez congelado, se deberá mantener en cámaras a bajas temperaturas, lo más bajas posible, pudiendo llegar hasta -35ºC. Cuanto más baja sea la temperatura de almacenamiento más larga será la vida útil del producto congelado.

4.5.- Fluidos criogénicos.

La ultracongelación se aplica a una amplia gama de productos: carnes, pescados, mariscos, vegetales, comidas preparadas. Para disminuir la temperatura de los alimentos se suele trabajar con congeladores mecánicos, que utilizan el aire o el contacto con superficies frías como medio de congelación. Otra manera de garantizar el descenso de la temperatura es el uso de los fluidos criogénicos, principalmente nitrógeno líquido y anhídrido carbónico, y que dan lugar a los productos ultracongelados.

Los congeladores criogénicos contactan directamente con los alimentos. Por ello, los fluidos deben ser lo bastante inertes como para no ceder a los alimentos componentes que puedan suponer un peligro para la salud del consumidor. Tampoco deben originar una modificación inaceptable en la composición del alimento ni alterar sus características organolépticas. La Directiva 89/108 de la Unión Europea autoriza como sustancias congelantes, exclusivamente, al nitrógeno, el anhídrido carbónico y el aire.

El uso de esta técnica se basa en el contacto del líquido a muy bajas temperaturas con el alimento que se va a congelar; la transmisión térmica es notablemente superior y el proceso de congelación se realiza de manera muy rápida. Estos fluidos no son tóxicos ni transmiten gusto u olor al alimento. El producto final es el alimento ultracongelado de gran calidad, pero también de elevado coste.

Los equipos más utilizados en la industria son los túneles criogénicos, que emplean nitrógeno líquido como fluido.

Sus ventajas frente a la congelación mecánica son muchas pero el elevado coste del tratamiento hace que no sea una de las técnicas más utilizadas. La ultracongelación supone:

- ➢ Menor gasto de instalación en comparación con los sistemas de frío mecánico.

- ➢ Los equipos utilizan menos espacio físico.

➢ Una reducción en las pérdidas de peso del producto por deshidratación.

➢ Menor consumo energético.

Por el contrario:

➢ Los fluidos se evaporan al contactar con el alimento.

➢ No son reutilizables.

➢ Conllevan un gasto económico muy elevado.

4.6.- Aplicación en los alimentos.

En la industria alimentaria la ultracongelación se aplica a una amplia gama de productos, entre los que destacan los panificados, las carnes, los pescados, los mariscos, los vegetales y las comidas preparadas. Para todos estos productos es imprescindible el correcto uso de medidas de seguridad durante todo el proceso de congelación, así como en su posterior conservación. Los envases deben asegurar una buena preservación y resistencia a los procedimientos de ultracongelación y al posterior calentamiento culinario si es el caso.

El etiquetado de los alimentos ultracongelados debe incluir la denominación de venta, la mención "ultracongelado" y la identificación del lote. También debe aparecer la fecha de duración mínima, el período durante el cual el destinatario puede almacenar los productos ultracongelados, la temperatura de conservación y el equipo de conservación exigido.

Las técnicas de ultracongelación actuales no sólo pretenden evitar el desarrollo de microorganismos, la actividad enzimática o la pérdida nutritiva, sino también conservar las características sensoriales y organolépticas de los alimentos. El mercado de los congelados es imparable y se convierte en uno de los más dinámicos dentro del conjunto de productos alimentarios. Su estudio, control y potencial hacen de esta técnica una de las más importantes en lo que a seguridad y calidad alimentaria se refiere.

4.7.- Baja temperatura y conservación.

Las variaciones de temperatura durante el almacenamiento o el transporte, así como las que sufren los alimentos en el punto de venta, son inevitables por razones técnicas. Sin embargo, éstas serán tolerables siempre y cuando se garantice que no peligra la seguridad del alimento.

Ante este hecho, la industria debe garantizar la seguridad de los alimentos mediante correctas prácticas de conservación y distribución. La temperatura es uno de los principales culpables de la proliferación bacteriana.

Disminuirla hasta niveles en los que sea imposible la vida bacteriana hace posible la seguridad en los alimentos, así como la conservación de los mismos durante largos períodos de tiempo.

Los congelados constituyen uno de los productos más seguros del mercado y raramente se producen intoxicaciones alimentarias en productos congelados. No obstante, a la hora de adquirirlos es necesario:

> ➢ Comprar únicamente envases limpios y sin roturas.

➢ Rechazar los envases con escarcha, los que al presionarlos con los dedos estén blandos o cuando el producto se encuentre apelmazado. Esto indica que en algún momento se ha roto la cadena de frío.

➢ Comprobar que el producto esté bien etiquetado. Debe incluir la fecha de elaboración y de caducidad, así como las normas de almacenamiento y preparación.

V.- MÉTODOS QUÍMICOS DE CONSERVACIÓN DE ALIMENTOS.

5.1.- Procesos de conservación de alimentos por salazón y acidificación.

Se denomina salazón a un método destinado a preservar los alimentos, de forma que se encuentren disponibles para el consumo durante un mayor tiempo. El efecto de la salazón es la deshidratación parcial de los alimentos, el refuerzo del sabor y la inhibición de algunas bacterias.

Existe la posibilidad de salar frutas y vegetales, aunque lo frecuente es aplicar el método en alimentos tales como carnes o pescados.

A menudo se suele emplear para la salazón una mezcla de sal procedente de alguna salina acompañando con nitrato sódico y nitrito. Es muy habitual también durante las fases finales acompañar la sal con sabores tales como pimentón, canela, semillas de eneldo o mostaza.

5.2.- Salazón.

La salazón del pescado y el cerdo es una práctica muy antigua. La sal penetra en los tejidos y, a todos los efectos, fija el agua, inhibiendo así el desarrollo de las bacterias que deterioran los alimentos. Se emplea como medio de preservación de pescados, carnes y vegetales con el objetivo de:

- Destruir muchos microorganismos.

- Inhibir la acción catalítica de las enzimas que produzcan una descomposición lenta.

- Le confiere al producto actitud comercial por largo tiempo.

La salazón puede ser:

a) Salazón en seco. Consiste en aplicar la sal con o sin otros condimentos a los alimentos

b) Salazón en salmuera. Consiste en tratar los alimentos con soluciones salinas de concentración variable.

Los alimentos de poco volumen, como anchoas se conservan fácilmente en una salmuera seca (se dispone el pescado entre capas de sal, ya que la sal se disuelve con los jugos propios del género, produciendo una salmuera natural). Las piezas grandes y regulares (lenguas de vacuno) admiten mejor una salmuera líquida preparada de antemano.

5.3.- Modo de aplicación de la salazón.

1. Salazón en seco: Cuando el alimento se pone en una cantidad suficiente de sal. Se le añade sal al alimento y esta extrae el líquido del mismo penetrando en los tejidos del alimento contrayendo el mismo.

2. Salazón por salmuera: Cuando se sumerge el alimento en una salmuera suficientemente concentrada.

La concentración de sal necesaria para inhibir el crecimiento de los microorganismos depende de:

✓ pH

✓ Temperatura

✓ Contenido proteico

✓ Presencia de sustancias inhibidoras como los ácidos

✓ Contenido acuoso

5.4.- Efectos indeseables de los productos curados por salazón.

✓ Decoloración del producto terminado.

✓ Crecimiento en la superficie externa de los embutidos cuando la humedad es alta como son las levaduras y los micrococos que forman una capa de limo.

✓ El enverdecimiento de los embutidos próximo a la tripa por producción de peróxido por lactobacilo.

✓ Color gris por la acción de algunas bacterias

✓ Formación de gas (dióxido de carbono) que hincha los embutidos

✓ La alteración más frecuente es el agriado dando un repugnante olor especialmente en zonas próximas al hueso

Almacenamiento

➢ Debe almacenarse refrigerado a una temperatura menor de 5 grados para impedir su deterioro microbiano.

Salazón en pescados en general

➢ Limpiar. Apilar abiertos en capas con una mezcla de sal fina y gruesa entre las capas del pescado. La proporción ha de ser de 15 kg de sal por cada 50 kg de pescado.

➢ Se mete en tinas hasta que los jugos naturales disuelven la sal y forman una salmuera natural en la que se deja el pescado dos o tres días.

➢ Se retira y se seca al sol o por procedimientos mecánicos.

➢ Las anchoas se limpian, se secan con sal, se prensan para eliminar la grasa y se rocían con su propia salmuera, dejándolas durante varias semanas a temperatura ambiente.

➢ Luego pueden conservarse en aceite.

El pescado en escabeche se envasa en barriles de madera con abundante sal y se deja 10 días para que merme. Los jugos y la sal forman un líquido pardo que se extrae y se vuelve a rociar el pescado hasta llenar el barril. Se sella la tapa y se almacena.

5.5.- Acidificación.

La acidificación es un método basado en la reducción del pH del alimento que impide el desarrollo de los microorganismos. Se lleva a cabo añadiendo al alimento sustancias ácidas como vinagre.

Acidez o pH.

La acidez en los alimentos se deriva básicamente de los ácidos orgánicos e inorgánicos que pudiesen estar presentes. Sin embargo, el factor de importancia en el crecimiento de los microorganismos es el pH y no la acidez. En este sentido es conveniente hacer una distinción entre ambos.

La acidez está asociada con los grupos carboxílicos e hidrogeniones presentes y normalmente se determina mediante titulación con un álcali fuerte como NaOH, hasta el viraje de un indicador como fenolftaleina o electrométricamente con un potenciómetro. Entre los ácidos más frecuentes en los alimentos que proporcionan acidez están los ácidos cítrico, láctico, málico y tartárico. El pH, en cambio, mide la presencia de hidrogeniones (H^+): $pH = -log\ (H^+)$

Los ácidos fuertes como el HCl o el H_2SO_4 se encuentran totalmente disociados en solución, por consiguiente, un mol de ácido genera un mol de hidrogeniones, teniendo un efecto severo en el pH. Los ácidos mayoritariamente presentes en los alimentos, por ser ácidos débiles, están parcialmente disociados, por consiguiente, un mol de uno de estos ácidos, por ejemplo, ácido láctico, no genera en medio acuoso un mol de hidrogeniones (H^+), sino una fracción dependiente del grado de disociación. De esta forma, los ácidos débiles contribuyen a la acidez, pero afectan poco el pH.

La mayoría de los alimentos presentan niveles de pH en un rango entre 2 y 7. Los microorganismos presentan pH óptimos, máximo (generalmente en la región alcalina que nos es de uso práctico en loa alimentos) y mínimos de crecimiento, por debajo de los cuales no se desarrollan, aunque pueden quedar viables.

Las bacterias suelen crecer mejor en condiciones cercanas a la neutralidad (por ejemplo, pH de 6 a 7), mientras que los mohos pueden tolerar pH más bajos y crecer incluso en alimentos a pH de 2 y 3, mientras que las levaduras pueden crecer a pH intermedios.

A medida que el pH disminuye, la resistencia al calor de los microorganismos se reduce y, si el pH es suficientemente bajo, puede causar la coagulación de proteínas celulares inactivando los microbios presentes.

Este efecto del pH en los microorganismos se utiliza en la conservación de alimentos con cierta frecuencia, por ejemplo, para controlar cierta flora microbiana menos tolerante a los ácidos, la cual en presencia del bajo pH inhibe su crecimiento, como en el caso de ciertas fermentaciones como en la fabricación de quesos, leches ácidas y vegetales fermentados. Igualmente, cuando se emplea la acidificación como técnica de fermentación, como por ejemplo en la conservación de encurtidos y vinagretas, en la práctica se inhibe el crecimiento de una parte importante de flora originalmente presente, la cual no puede desarrollarse debido al bajo pH (aunque puede quedar viable), quedando únicamente el problema de control de mohos, los cuales con la exclusión del aire o con una pasteurización liviana pueden ser fácilmente controlados.

En la industria de enlatados es permitido el uso de la acidificación de los alimentos, con miras a bajar su pH a niveles inferiores a 4.6. Ciertos productos de textura delicada como espárragos, pimientos y alcachofas no pueden ser esterilizados a altas temperaturas por tiempos de moderados a largos, debido al efecto dañino de la cocción en las propiedades organolépticas de estos productos. Al acidificarlos, se les puede aplicar tratamientos térmicos más livianos, como por ejemplo procesamiento en baño maría a menos de 100 ºC, debido en primer lugar a que el microorganismo patrón para diseñar procesos térmicas seguros, desde el punto de vista de la salud pública en alimentos de baja acidez (pH > 4.6), *Clostridium botulinum*, no es capaz de crecer y producir toxinas a pH inferior a 4.6 y, por otra parte, la resistencia térmica de los microorganismos de interés comercial se ha visto grandemente reducida debido al descenso del pH.

El pH en la conservación de alimentos

Definición de pH. El pH es un símbolo que indica si una sustancian es ácida, neutra o básica. El pH se calcula por la concentración de iones de hidrógeno, un factor que controla la regulación de muchas reacciones químicas, bioquímicas y microbiológicas.

La escala de pH es de 0 a 14. La disolución neutra, tiene un pH de 7, valores menores de 7 indican una disolución ácida y valores superiores a 7 indican una disolución alcalina.

5.6.- Efecto del pH sobre los microorganismos.

El crecimiento de los microorganismos requiere principalmente de nutrientes, agua, una temperatura adecuada y determinados niveles de pH. En estado natural las frutas tienen pH bastantes ácidos y las verduras, las carnes y pescados son ligeramente ácidos (Tabla 2).

Tabla 2. Rangos de pH en alimentos

Rango de pH	Alimento	pH
Acidez baja	Leche	6.3 a6.5
	Pollo	5.6 a 6.4
	Pescado	6.6 a 6.8
Acidez media	Papas	5.6 a 6.2
	Plátanos	4.5 a 5.2
	Vegetales fermentados	3.9 a 5.1
Ácidos	Mayonesa	3.0 a 4.1
	Tomates	4
Alta acidez	Cítricos	3.0 a 3.5
	Manzanas	2.9 a 3.3

Los valores bajos de pH (ácido) pueden ayudar en la conservación de los alimentos de dos maneras: directamente, inhibiendo el crecimiento microbiano, indirectamente, a base de disminuir la resistencia al calor de los microorganismos, en los alimentos que vayan a ser tratados térmicamente.

Algunos ejemplos prácticos.

En el caso de la preparación de una mayonesa, la presencia de una posible contaminación con Salmonella en el huevo, se puede inhibir si se deja la yema en contacto unos minutos con un ácido (limón = ácido cítrico o vinagre = ácido acético) y luego se hace la emulsión con el aceite.

Si se realiza primero la emulsión y luego se agrega el ácido, el aceite protege a la Salmonella y no tendrá ningún efecto inhibidor, solo contribuirá a dar sabor y fluidez a la mayonesa.

Si se prepara una crema pastelera y se realiza el mismo procedimiento de poner en contacto las yemas con el zumo de limón, se inhibirá las bacterias y, además, el tratamiento térmico posterior será más efectivo y se conseguirá un producto con mayor seguridad alimentaria.

Cuando se modifica el pH de una proteína, se puede obtener efectos beneficiosos, como por ejemplo el agregado de crémor tártaro (tartrato ácido de potasio) a unas claras frescas favoreciendo el montado de las mismas (debido a la modificación de la estructura espacial de las proteínas por la acción del ácido), que favorece la aireación de las claras.

Si la cantidad de ácido agregado a una proteína es elevada y durante un tiempo prolongado, como es en el caso del cebiche, el ácido cítrico desnaturaliza la proteína modificando sabor, textura y gusto; es lo que se conoce como una cocción ácida del pescado.

Para finalizar, los ácidos tienen un efecto antioxidante que evita el pardeamiento enzimático de las frutas, es el caso de las manzanas o peras con el zumo de limón. Recordar que las enzimas también son proteínas y por ello se modifica su estructura por acidificación.

5.7.- Procesos de conservación de alimentos por escabechado y ahumado.

De acuerdo a conocimientos previos, ¿consideras que el escabechado y el ahumado tienen un efecto de conservación en los alimentos porque matan microorganismos? o ¿cuál crees que sea su efecto? Anota tu conclusión y compártela con tus compañeros.

Escabeche.

Se denomina escabeche al método para la conservación de alimentos en vinagre, y al producto obtenido. El método para procesar un alimento en escabeche está dentro de las operaciones denominadas en cocina como marinado, y la técnica consiste básicamente en el precocinado mediante un caldo de vinagre, aceite frito, vino, laurel y pimienta en grano. Es la transformación de una preparación de la cocina árabe.

Orígenes del escabechado.

La palabra escabeche según el Diccionario Etimológico de Joan Corominas, proviene del catalán "escabetx", que a su vez deriva del árabe-persa sikbâg, "guiso con vinagre" que en Persia se refería a un guiso de carne con vinagre y otros ingredientes que ya aparece citado en "Las mil y una noches". Esta técnica culinaria, casi únicamente con carne, se desarrolló paralelamente también en otros países árabes a la vez que en Persia. La pronunciación vulgar de "sikbâg" sonaba a "iskebech", que pasó a "escabetx" en catalán. Según Corominas, la adaptación directa del árabe-persa al castellano no contendría el sonido "ch" sino que sería algo así como "escabej" o "escabeje". También según Corominas, la palabra "escabetx" pasó con el concepto a otras cocinas europeas de lenguas romances. Esta debe diferenciarse del zirbaja, que es una preparación convencional de sabor agridulce.

En Andalucía se empleó de igual forma como sinónimo al-mujallal. Además del ingrediente principal a base de una mezcla de vinagre, especias y aceite, el escabeche incorpora frecuentemente color rojizo. Se menciona la preparación de escabeches de carne en diversos tratados andalusíes. Como (escabeyg) en el Sent Soví. A principios del siglo XVII, Martínez Montiño da indicaciones muy precisas en su obra de cómo confeccionar escabeches. De la misma forma Alejandro Dumas describe un escabechado de liebre con poco azafrán y más pimentón. A lo largo de la historia culinaria española el pimentón fue substituyendo poco a poco al azafrán. Las obras posteriores de la cocina española van mostrando diversas recetas de elaboración de escabeches tanto de pescado como de carne.

Aunque extendido por el área del Mediterráneo, suele señalarse en los recetarios internacionales como un proceso de los alimentos genuinamente español. La forma castellana "escabeche" apareció escrita, por vez primera, en 1525, en el "Libro de los Guisados" de

Ruperto de Nola, editado en Toledo. Dicho libro tiene una edición anterior, catalana, de 1520, en la que también aparecía. Aunque parece probable que la primera redacción se efectuase a mediados del siglo XIV. Donde aparecería "escabeig a peix fregit". Existe también un manuscrito catalán "Flors de les medicines" de mediados del siglo XV en el que también hay una referencia al "escabex", y tanto el nombre en catalán como su descripción (en tres recetas) ya habían aparecido en el Llibre de Sent Soví de 1324.

Otros estudiosos buscan un origen distinto. Antepongamos a "aleche", uno de los pescados más agradecidos para su conservación en esta salsa fría también llamada "muria" (cuando la salsa lleva sal por principal conservante se convierte en sal/muria o salmuera), el prefijo latino "esca", que significa alimento, y obtendremos esca/aleche>escabeche.

Existen otras teorías como que a través del árabe pasase a Sicilia, "schivecch", y de ahí al catalán; sin embargo, está documentado que la siciliana proviene del genovés, "scabeccio", y esta última de España, sin saberse si del castellano o el catalán.

5.8.- Empleo en otras gastronomías del escabechado.

Argentina

El escabeche es un plato típico con un toque del lugar por ejemplo se escabecha el carpincho que es una especie de roedor de unos 70 centímetros a un metro de alto, como axial todo tipo de carnes para su conserva. Es clásico de Argentina la merluza en escabeche, las berenjenas en escabeche, así como carnes blancas, liebre, codornices o perdiz al escabeche.

Bolivia

El escabeche es un plato típico de Bolivia, se prepara del cuero y patas de cerdo cocidos, como también de pollo, normalmente acompañado con cebolla, zanahoria y locoto, mezclados en vinagre.

También se prepara solo de verduras. Se coloca el locoto, la ulupica o el abibi (frutos pequeños picantes), cebolla, zanahoria y pepinillo en una botella de boca ancha y se vierte vinagre. Se deja reposar unos días; luego se acompañan las comidas al gusto. En algunas regiones colocan aceite en el envase y depositan uno de los productos; en semanas usan gotitas en las comidas.

Perú

Igualmente, el escabeche es un plato típico de la gastronomía del Perú llevado por los españoles en la época del virreinato. Se prepara a base de aceite + pimentón + ají + vinagre + cebolla. Sobre esta preparación se macera el pescado o pollo previamente frito. Es un plato frío. Se sirve sobre lechuga, se acompaña con camote sancochado y se decora con huevo duro y aceituna.

Chile

En Chile se prepara la cebolla en escabeche, producto elaborado en base a cebolla valenciana fresca (no fermentada) a la cual se le han eliminado sus catas filos exteriores (curados), con la adición de vinagre rosado como medio de empaque. Cebollas enteras de color blanco violáceo, de sabor y aroma característico de cebolla fresca y vinagre. A la combinación de pepinillos, cebollitas, coliflor y zanahorias en rebanadas al escabeche se le llama pichanga.

Uruguay

Se utiliza normalmente para conservar los hongos.

Cuba

Generalmente se hace el escabeche con pescado, del tipo serrucho o sierra preferentemente, se corta en ruedas, estas se pasan por harina, se fríen y luego se ponen a marinar en una mezcla a partes iguales de aceite, preferentemente de oliva, y vinagre; se adiciona cebolla rehogada, ají pimiento, aceitunas rellenas con pimiento y opcionalmente alcaparras; se marina en el refrigerador por espacio de una semana como mínimo.

5.9.- Ahumado.

El ahumado es una técnica culinaria que consiste en someter alimentos a humo proveniente de fuegos realizados de maderas de poco nivel de resina. Este proceso, además de dar sabores ahumados sirve como conservador alargando la vida de los alimentos.

Características del ahumado.

Existen dos tipos de ahumados, en frío y en caliente. En frío, el proceso dura aproximadamente de 24 a 48 horas (dependiendo del alimento) y no debe superar los 30 °C y en caliente la temperatura debe ser mayor a los 60 °C y no superan los 75 °C. Se recomienda primero realizar el ahumado en frío y luego en caliente.

Esta forma de preservación de alimentos, proviene de épocas remotas donde se descubrió posiblemente por casualidad que los alimentos que colgaban arriba de los fogones que se utilizaban para calefacción y cocinar duraban más que los alimentos que no estaban en contacto con el humo. Este proceso de preservación se podría comparar con el salado para preservar el alimento; básicamente, les quita la humedad a los alimentos y se le transfiere sabores.

Alimentos ahumados.

Embutidos: pecho del cerdo como la tocineta, panceta, jamón, chorizos, etc. En el caso de la vaca: cecina, el Pastrami.

Quesos: como el queso de Gamonedo, el ahumado de Áliva (Quesucos de Liébana), una variedad del Ragusano italiano, el damski polaco o el räucherkäse alemán.

Pescados: Salmón ahumado, Kipper.

Cervezas: Rauchbier.

Tés: Lapsang souchong.

Whiskies: Whisky escocés (algunas marcas).

Condimentos: sal ahumada, pimentón, etc.

Manejo adecuado de los alimentos ahumados

Donde hay humo, el resultado es carnes y aves muy sabrosas. El uso de ahumadores es un modo de impregnar un sabor natural de humo a los cortes grandes de carnes, aves enteras y pechugas de pavo. Esta técnica de cocción lenta permite también que la carne se mantenga suave.

Ahumar es cocer alimentos lentamente en forma indirecta sobre el fuego. Este proceso se puede realizar mediante un "ahumador", que es un aparato para cocinar al aire libre diseñado especialmente para ahumar. También se puede ahumar en una parrilla cubierta colocando una cacerola con agua debajo de la parrilla que contiene las carnes.

Prevención de intoxicaciones alimentarias durante el proceso de ahumado

Para prevenir intoxicaciones alimentarias se deben considerar los siguientes pasos:

1. Limpiar. Lávese las manos a menudo y lave las superficies de su cocina.

2. Separar. Evite propagar la contaminación.

3. Cocinar. Utilice la temperatura adecuada.

4. Enfriar. Refrigere rápidamente.

Descongele las carnes antes de ahumarlas.

Descongele las carnes o aves completamente antes de ahumarlas. Dado que la técnica de ahumado consiste en cocer los alimentos a temperaturas bajas, el descongelar las carnes en el ahumador tomará mucho tiempo, lo cual hará que los alimentos permanezcan en la "zona peligrosa" [las temperaturas entre 40 (4.4 °C) y 140 °F (60 °C)] donde las bacterias dañinas pueden proliferar. Por otra parte, las carnes descongeladas se cuecen más uniformemente.

Nunca descongele los alimentos a temperatura ambiente. Es esencial que las carnes y aves se mantengan frías durante la descongelación para prevenir la proliferación de bacterias dañinas.

La mejor manera de descongelar carnes y aves sin riesgo es hacerlo en el refrigerador. Cuézalas o vuelva a congelarlas en un plazo de dos días.

Para descongelar más rápidamente también se puede usar el horno de microondas. Ahumé las carnes de inmediato ya que algunas partes pueden haber empezado a cocinarse durante la descongelación. Los alimentos también se pueden descongelar en agua fría. Antes de sumergir los alimentos, asegúrese que el lavadero o recipiente donde los colocará esté limpio. Hay dos métodos para descongelar de este modo:

- Sumergir totalmente un paquete de alimentos envuelto herméticamente. Cambiar el agua cada 30 minutos.

- Coloque los alimentos envueltos de manera hermética bajo el chorro continuo de agua fría potable. Si las carnes se han descongelado por completo, cuézalas de inmediato.

Marine las carnes en el refrigerador

Algunas recetas indican que se debe marinar o adobar las carnes o aves por varias horas o días, ya sea para darles mejor sabor o para volverlas más tiernas. El ácido del adobo o marinada macera los tejidos conectores de las carnes.

Los alimentos deben marinarse siempre en el refrigerador, no sobre el mostrador. Antes de poner a marinar las carnes y aves, separe una porción del líquido si va a usar una parte para preparar una salsa para los alimentos ya cocidos.

No coloque carnes y aves crudas en ésta. El líquido en que se han marinado carnes y aves crudas no puede volverse a utilizar una segunda vez con alimentos ya cocidos, a menos que se lo haya hecho hervir para destruir cualquier bacteria que pudiera estar presente.

Cocción parcial

Algunas personas prefieren cocer parcialmente los alimentos en el horno de microondas o sobre la hornilla para reducir el tiempo de ahumar. Cueza de antemano las carnes y aves parcialmente sólo si las va a llevar inmediatamente del horno de microondas o de la cocina al ahumador precalentado. La cocción parcial de alimentos permite que las bacterias dañinas sobrevivan y se proliferen hasta el punto que no se destruirán cuando termine la cocción del alimento. Una vez que los alimentos están en el ahumador, cuézalos hasta que alcancen una temperatura interna adecuada, verificada con un termómetro para alimentos.

Utilización del ahumador.

Cueza los alimentos solamente en ahumadores construidos con materiales aprobados para entrar en contacto con carnes y aves. No ahumé alimentos en recipientes improvisados como latas de acero galvanizado u otros materiales no indicados para cocinar. Su uso puede resultar en contaminación por residuos químicos. Cuando se usa un ahumador a carbón, compre barras de carbón comercial o astillas de madera aromática. Colóquelo un lugar bien alumbrado y ventilado lejos de árboles, maleza y edificios. Utilice solamente los productos para iniciar el fuego que estén aprobados y no use, por ejemplo, gasolina o trementina.

Siga las instrucciones del fabricante para encender el carbón o precalentar una parrilla, a gas o eléctrica, para cocinar al aire libre. Permita que el carbón se caliente al rojo vivo y produzca ceniza gris, esto toma de 10 a 20 minutos dependiendo de la cantidad. Coloque el carbón alrededor del recipiente que recoge la grasa y jugos que gotean de la carne durante el proceso de ahumado. Añada unas 15 barras de carbón cada hora, aproximadamente. El sabor a humo más satisfactorio se obtiene con el uso de astillas de madera de nogal, de manzano o de arce.

Utilización de una parrilla cubierta

Para ahumar carnes y aves en una parrilla cubierta, agrupe unas 50 barras de carbón en el centro de la rejilla. Cuando las barras de carbón se encuentren cubiertas de ceniza gris, sepárelas en dos pilas. Coloque una cacerola con agua entre las dos pilas y ponga los alimentos en la parrilla sobre la cacerola con agua. El agua impide las llamaradas que ocurren cuando la grasa y jugos de las carnes gotean sobre los carbones, y el vapor de agua ayuda a destruir las bacterias dañinas que pueden causar intoxicaciones alimentarias. Cierre la tapa de la parrilla y mantenga abiertas las rejillas de ventilación. Añada unas 10 barras de carbón cada hora para mantener la temperatura dentro de la parrilla.

Para asegurar que las carnes y aves se ahumen adecuadamente, usted necesitará dos tipos de termómetros: uno para los alimentos y otro para el ahumador. Es necesario un termómetro para supervisar la temperatura del aire dentro del mismo o parrilla y asegurarse que el calor se mantenga a temperaturas entre 225 y 300 °F (107.2 y 148.8 °C) durante el proceso de cocción. Muchos ahumadores contienen termómetros ya integrados. Use un termómetro de alimentos para verificar la temperatura de las carnes y aves. Puede usar un termómetro para hornos y mantenerlo insertado en la carne durante la cocción. Use un termómetro de lectura instantáneo después de sacar la carne del ahumador.

El tiempo de cocción depende de muchas características: el tipo de carne, el tamaño y forma de la carne, la distancia de los alimentos a la fuente de calor, la temperatura del carbón y el clima. Puede tomar de 4 a 8 horas ahumar las carnes o aves, por lo que es preciso usar termómetros para supervisar las temperaturas.

Ahume los alimentos hasta alcanzar una temperatura interna mínima adecuada

> Las carnes de res, ternero, y cordero, en filetes, asados y chuletas se pueden cocer hasta alcanzar 145 °F (62.77 °C).

> Todos los cortes de cerdo, hasta alcanzar 160 °F (71.11 °C).

> Las carnes molidas de res, ternero y cordero, hasta alcanzar 160 °F (71.11 °C).

> Todas las aves deben alcanzar una temperatura interna mínima adecuada de 165 °F (73.88 °C).

Si va a usar una salsa, añádala durante los últimos 15 a 30 minutos del proceso de ahumar para prevenir que se doren demasiado o quemen.

Refrigere rápidamente

Refrigere las carnes y aves dentro de un plazo de dos horas después de sacarlas del ahumador. Corte la carne o ave en pedazos más pequeños o en tajadas, colóquelos en recipientes poco hondos, cúbralos y refrigérelos. Sírvalos dentro de un plazo de 4 días o congélelos para usarlos posteriormente.

5.10.- Importancia de la humedad de los alimentos.

El agua es el solvente en donde ocurren las reacciones químicas y enzimáticas de la célula y es indispensable para el desarrollo de los microorganismos.

La actividad de agua (aw) del medio representa la fracción molar de las moléculas de agua totales que están disponibles, y es igual a relación que existe entre la presión de vapor de la solución respecto a la del agua pura. El valor mínimo de aw en el cual las bacterias pueden crecer varía ampliamente, pero el valor óptimo para muchas especies es mayor a 0.99. Algunas bacterias halófilas (bacterias que se desarrollan en altas concentraciones de sal) crecen mejor con aW = 0.80.

Variaciones en la actividad de agua puede afectar la tasa de crecimiento, la composición celular y la actividad metabólica de la bacteria, debido a que si no disponen de suficiente cantidad de agua libre (no asociada a solutos, etc) en el medio necesitarán realizar más trabajo para obtenerla y disminuirá el rendimiento del crecimiento.

Se denomina actividad de agua a la relación entre la presión de vapor de agua del substrato de cultivo (P) y la presión de vapor de agua del agua pura (P0):

$$a_w = \frac{P}{P_0}$$

El valor de la actividad de agua da una idea de la cantidad de agua disponible metabólicamente. Por ejemplo: al comparar el agua pura donde todas las moléculas de agua están libremente disponibles para reacciones químicas con el agua presente en una disolución saturada de sal común (NaCl) donde una parte importante de las moléculas de agua participa en la solvatación de los iones de la sal disuelta. En este último caso, la actividad de agua mucho menor que en el primero. Conforme aumenta la cantidad de solutos en el medio, disminuye su actividad de agua.

El valor de la actividad de agua está relacionado con el de la humedad relativa (HR) de la siguiente forma:

$$H.R. = a_w x\ 100$$

Cuando un microorganismo se encuentra en un substrato con una actividad de agua menor que la que necesita, su crecimiento se detiene. Esta detención del crecimiento no suele llevar asociada la muerte del microorganismo, sino que éste se mantiene en condiciones de resistencia durante un tiempo más o menos largo. En el caso de las esporas, la fase de resistencia puede ser considerada prácticamente ilimitada.

La gran mayoría de los microorganismos requiere unos valores de actividad de agua muy altos para poder crecer. De hecho, los valores mínimos de actividad para diferentes tipos de microorganismos son, a título orientativo, los siguientes: bacterias *aw* > 0.90, levaduras *aw* > 0.85, hongos filamentosos *aw* > 0.80. Como puede verse, los hongos filamentosos son capaces de crecer en substratos con una actividad de agua mucho menor (mucho más secos) de la que permite el crecimiento de bacterias o de levaduras. Por esta razón se puede producir deterioro de alimentos de baja actividad de agua (por ejemplo, el queso o almíbares) por mohos (hongos filamentosos) y no por bacterias.

Existen microorganismos extremadamente tolerantes a las actividades muy bajas (toleran valores de aw = 0.60).

Algunos de estos microorganismos pertenecen al grupo de las *Arqueas* y pueden observarse en las salinas de desecación formando manchas coloreadas en los depósitos de sal.

La reducción de la actividad de agua para limitar el crecimiento bacteriano tiene importancia aplicada en industria alimentaria. La utilización de almíbares, salmueras y salazones reduce la actividad de agua del alimento para evitar su deterioro bacteriano.

Humedad: los microorganismos requieren unas condiciones mínimas de humedad para su crecimiento. El agua forma parte del protoplasma bacteriano y sirve como medio de transporte a través del cual los compuestos orgánicos y nutrientes son movilizados hasta el interior de las células. Un exceso de humedad inhibirá el crecimiento bacteriano al reducir la concentración de oxígeno en el suelo. El rango varía en función de la técnica.

Los microorganismos tienen una necesidad perentoria de agua, ya que sin agua no es posible el crecimiento. La cantidad exacta de agua, necesaria para el crecimiento de los microorganismos es variable. Esta demanda de agua se define como agua libre o actividad de agua (Aw).

Antecedentes:

El primer hombre secó sus alimentos en sus refugios.

Los indios americanos precolombinos usaron el calor del fuego para secar alimentos.

El uso del fuego para secar alimentos fue descubierto independientemente por muchos hombres en el Nuevo y Viejo Mundo. En 1795, se inventó el primer cuarto de deshidratación de aire caliente.

5.11.- Deshidratación y desecación.

En sentido estricto, desecación es el término que se utiliza cuando la eliminación de agua es por medios naturales y en condiciones no controladas; y la deshidratación, implica el control de las condiciones climáticas del medio y, por lo tanto, resulta más costosa.

Deshidratación

La deshidratación es una de las formas más antiguas de procesar alimentos.

Consiste en eliminar una buena parte de la humedad de los alimentos, para que no se arruinen. Se considera de mucha importancia la conservación de alimentos pues esto nos permite alargar la vida útil de las frutas y poder tener acceso a mercados más distantes, otra de las importancias de conservar frutas deshidratadas es debido a que se podrá contar con frutas en épocas que normalmente no se producen, logrando así mejores precios.

Por medio del calor se elimina el agua que contienen algunos alimentos mediante la evaporación de esta, lo que impide el crecimiento de las bacterias, que no pueden vivir en un medio seco; por ejemplo, a las piñas, manzanas y plátanos.

Los alimentos deshidratados mantienen gran proporción de su valor nutritivo original si el proceso se realiza en forma adecuada.

Objetivos de la deshidratación.

✓ Observar y reportar los cambios obtenidos en las características organolépticas de las frutas

✓ Disminuir la actividad enzimática de las diferentes frutas deshidratadas.

✓ Aumentar la vida útil de las frutas por medio de la eliminación del agua.

Proceso de deshidratación de frutas.

Para la realización de este proceso es necesario primero, desinfectar el área a trabajar, lavando la mesa y los cuchillos con agua clorada. Las frutas se lavan y desinfectan para luego proceder a retirarles las cáscaras.

Para la preparación de la fruta del banano (plátano) es muy sencillo retirar la cáscara y se realiza solamente con las manos y luego se corta con un cuchillo en rodajas de plátano para darle una mejor presentación.

En el caso de la piña y la manzana es necesario retirar las cáscaras con un cuchillo y después cortar las frutas en rodajas de tamaños especiales para garantizar que el deshidratado sea mejor, ya que depende mucho del área de contacto de la fruta con el calor generado en el horno.

Después de que las frutas fueron preparadas se procede a colocarlas dentro del horno en donde permanecerán alrededor de 6 horas a una temperatura cercana a los 50 °C.

Luego de cumplirse el tiempo de secado, se retiran las frutas del horno y se obtiene el peso de las frutas secas, también se observa los diferentes cambios organolépticos y de tamaños que sufrieron las frutas.

Etapas de la deshidratación.

1. Movimientos de Solutos.

El agua que fluye hacia la superficie durante la desecación contiene diversos productos disueltos.

A la migración de sólidos en los alimentos, contribuye también la retracción del producto, que crea presiones en el interior de las piezas.

Se ha demostrado que el movimiento de los solutos, puede ir del centro a la superficie y viceversa; esto dependerá de las características del producto y de las condiciones de desecación.

2. Retracción.

Durante la desecación de los tejidos animales y vegetales, se produce cierto grado de retracción del producto.

La retracción de los alimentos durante la desecación puede influir en las velocidades del proceso, debido a los cambios en el área de la superficie de la desecación y a la creación de gradientes de presión en el interior del producto.

3. Endurecimiento Superficial.

Se ha observado que, durante la desecación de algunas frutas, carnes y pescados, frecuentemente se forma en la superficie, una película impermeable y dura.

Esto, determina normalmente, una reducción en la velocidad de desecación. Es causado, probablemente, por la migración de sólidos solubles a la superficie y las elevadas temperaturas que se alcanzan en el proceso de desecación.

Tipos de deshidratación

- ✓ Secado al sol.

- ✓ Deshidratación con aire caliente.

- ✓ Deshidratación por contacto con una superficie caliente.

- ✓ Deshidratación por aplicación de energía de una fuente radiante, de microondas o dieléctrica.

- ✓ Liofilización.

Los tipos de Deshidratación más utilizados:

Secado al sol

• Se elimina la humedad mediante la exposición a los rayos solares sin necesidad de aplicar calor artificial ni de controlar variaciones de temperatura, de la humedad relativa o del aire.

• Los alimentos a desecar se extienden sobre bandejas y durante la desecación se les puede dar vuelta. Los pescados, el arroz y otros granos también se pueden secar al sol.

Deshidratación por aire caliente

• Consisten en dirigir sobre el alimento a desecar una corriente de aire caliente y de humedad controlada. El desecador más sencillo es el evaporador u horno de desecación.

• Los ingredientes deshidratados por aire ofrecen múltiples ventajas. La eficiencia en el procesamiento garantiza un costo competitivo. Muchos de los productos tienen más de un año de vida de anaquel. Después de la rehidratación, el color, la textura y el sabor no cambian. Son ideales para fabricar productos con ingredientes secos, así como para usarse con productos húmedos o congelados.

Deshidratación por contacto con una superficie caliente

El rodillo se calienta inyectando vapor de agua a altas temperaturas. Este tipo de equipo es ideal para fabricar productos como cremas, purés, cereales instantáneos, etc. Tienen como característica dar consistencia y cuerpo al momento de rehidratarse.

V.- PROCESOS DE CONSERVACIÓN DE ALIMENTOS POR LIOFILIZACIÓN E IRRADIACIÓN.

5.1 Liofilización de alimentos.

La liofilización: Es un proceso en el que se congela el producto y una vez congelado se introduce en una cámara de vacío para realizar la separación del agua por sublimación. De esta manera se elimina el agua desde el estado sólido al gaseoso del ambiente sin pasar por el estado líquido.

Para acelerar el proceso se utilizan ciclos de congelación-sublimación con los que se consigue eliminar prácticamente la totalidad del agua libre contenida en el producto original.

La liofilización es una forma de desecado en frío que sirve para conservar sin daño los más diversos materiales biológicos. El producto se conserva con muy bajo peso y a temperatura ambiente conservando todas sus propiedades al rehidratarse. El proceso consiste en congelar primero el material y luego eliminar el hielo por sublimación.

La liofilización es ampliamente usada para la conservación de diversos productos. Detiene el crecimiento de microorganismos, inhibe el deterioro de sabor y color por reacciones químicas y pérdida de propiedades fisiológicas. Asimismo, facilita el almacenamiento y la distribución de diferentes tipos de productos.

En la actualidad, se liofilizan los alimentos como la sopa, el café, las frambuesas y las frutillas. No sólo se consigue evitar la necesidad de una cadena de frío, sino que los productos mantienen el volumen y la forma original a pesar de la gran pérdida de peso.

También se utiliza esta técnica para conservar plasma sanguíneo, suero, soluciones de hormonas y productos farmacéuticos biológicamente complejos como vacunas, sueros y antídotos.

El proceso de liofilización consiste en introducir el producto a tratar en una cámara hermética y realizarle vacío rápidamente. El vacío baja la temperatura dentro de la cámara provocando el congelamiento del agua contenida en el material. Luego se comienza a calentar el material mientras se mantiene el vacío, para que el hielo "sublime" (se vuelva vapor sin pasar por fase líquida).

En un liofilizador convencional, el vacío se logra mediante la combinación de bombas extractoras de aire y "trampas frías" que operan a -40 o -50 °C, para congelar el agua extraída del producto y crear una presión menor a la atmosférica dentro de la cámara. Esas bombas de vacío mecánicas y los grandes equipos de frío requieren una gran cantidad de mano de obra especializada para su operación y su mantenimiento.

5.2 Irradiación.

La irradiación de los alimentos ha sido identificada como una tecnología segura para reducir el riesgo de ETA (Enfermedades Transmitidas por Alimentos), en la producción, procesamiento, manipulación y preparación de alimentos de alta calidad. Es a su vez, una herramienta que sirve como complemento a otros métodos para garantizar la seguridad y aumentar la vida en anaquel de los alimentos.

La presencia de bacterias patógenas como la *Salmonella, Escherichia coli, Listeria monocytogenes* o *Yersinia enterocolítica,* son un problema de creciente preocupación para las autoridades de salud pública, que puede reducirse o eliminarse con el empleo de esta técnica, también denominada "Pasteurización en frío".

La irradiación de alimentos, como una tecnología de seguridad alimentaria, ha sido estudiada por más de 50 años y está aprobada en más de 40 países. Cuenta también con la aprobación de importantes organismos internacionales, la Organización Mundial de la Salud (OMS), la Organización para la Alimentación y la Agricultura (FAO) y la Organización Internacional de Energía Atómica (IAEA).

5.3 Descripción del proceso irradiactivo.

Los tipos de radiación utilizados para procesar alimentos son: la radiación gamma, los rayos X y los electrones acelerados. Estos tipos de radiación son también llamados radiaciones ionizantes y son aceptadas por organismos internacionales como la FAO, la OMS y el OIEA.

Los radioisótopos emisores de radiación gamma normalmente utilizados para el procesamiento de alimentos son el cobalto 60 (60Co) y el cesio 137 (137Cs).

Los aceleradores de electrones utilizados tienen una energía máxima de 10 MeV y los equipos de rayos X una energía máxima de 5 MeV*.

*En física de altas energías, el electronvoltio resulta una unidad muy pequeña, por lo que son de uso frecuente múltiplos como el Mega electronvoltio MeV o el Giga electronvoltio GeV. Llegando en la actualidad, y con los más potentes aceleradores de partículas.

5.4 Aplicaciones de la irradiación de alimentos.

La irradiación de alimentos ofrece varios beneficios a la industria alimenticia y a los consumidores. Desde un punto de vista práctico, se pueden proponer las siguientes clasificaciones:

Según la dosis aplicada.

Las aplicaciones de este proceso se pueden agrupar en tres categorías, dependiendo de la dosis aplicada a los alimentos como:

- ✓ Irradiación a bajas dosis. Se considera Irradiación a bajas dosis cuando se aplica una dosis de hasta 1 kGy. Produce inhibición de brotes, desinfestación de frutas e inactivación de parásitos y plagas.

- ✓ Irradiación a dosis medias. Se considera Irradiación a dosis medias cuando se aplica una dosis de entre 1 y 10 kGy. Produce reducción en el contenido de microorganismos dañinos y de patógenos, reduciendo la posibilidad de enfermedades provocadas por alimentos por contaminación bacteriana.

- ✓ Irradiación a dosis grandes. Se considera Irradiación a dosis grandes cuando se aplican dosis mayores de 10 kGy. Consigue una reducción en el contenido de microorganismos hasta la esterilidad.

Según los objetivos.

Las aplicaciones de la irradiación de alimentos, agrupadas por sus objetivos, se pueden clasificar como:

✓ Reducción de microorganismos patógenos. Entre los que se pueden mencionar: la *Escherichia coli* O157:H7, *Salmonella*, *Campylobacter jejuni*, *Listeria monocytogenes* y *Vibrio spp.*, patógenos y que se asocian a las carnes, los productos frescos, el agua y los productos del mar.

✓ Descontaminación de especias, hierbas y sazonadores vegetales. Estas están frecuentemente contaminadas con microorganismos debido a las condiciones ambientales y de procesamiento en que se producen, por lo que requieren de la irradiación para reducir su cuenta bacteriana y hacerlas viables para consumo humano. Además, el proceso de irradiación permite que estos productos conserven sus aromas y sus sabores originales.

✓ Extensión de la vida de anaquel. Aplicable a frutas, verduras, carne de vaca, de pollo, de pescado y mariscos. Su vida de anaquel se puede prolongar considerablemente con un tratamiento combinado de irradiación a dosis baja y refrigeración, sin alterar su sabor o su textura. Este efecto también ha tomado relevancia en productos con una vida corta o que deben ser transportados a grandes distancias.

✓ Desinfectación del grano. Es el principal problema en la producción y comercialización de cereales. La irradiación ha demostrado ser un método efectivo de control de las plagas asociadas a estos productos y una alternativa viable a la fumigación mediante bromuro de metilo, que ha sido muy utilizado para este fin pero que se está abandonando debido a que contribuye a la destrucción de la capa de ozono. La irradiación de granos ha sido aplicada en maíz, trigo y café entre otros. Requiere un empaquetado adecuado que evite una nueva infestación.

✓ Tratamiento cuarentenario de frutas y verduras frescas. Cítricos, mangos y papayas. Previene la infestación por la mosca de la fruta como la del Mediterráneo, la oriental, la mexicana o la del Caribe, en zonas que se consideran libres de estas plagas y permite el comercio internacional de estos productos sin riesgo de su proliferación.

✓ Inhibición de brotes en tubérculos y bulbos. Mediante el uso de la irradiación, se puede mantener un suministro constante de estos productos que deben almacenarse durante varios meses. Este proceso puede ser aplicado a papas, ajos, cebollas, jengibre y castañas, entre otras y no deja residuos, permitiendo su almacenamiento a temperaturas de entre 10 y 15 °C.

5.5 Países donde se aplica la irradiación.

Varios países, incluyendo Bangladesh, Chile, China, Hungría, Japón, Corea y Tailandia, irradian uno o más alimentos a nivel comercial, como grano, papas, especias, pescado seco, cebollas, ajos, etc., para controlar sus pérdidas.

En países como Bélgica, Francia y Holanda se irradian cantidades considerables de alimentos marinos congelados y ancas de rana, así como algunos ingredientes secos de alimentación, para controlar la contaminación por bacterias.

En varios países, incluyendo Argentina, Bélgica, Brasil, Canadá, China, Dinamarca, Finlandia, Francia, Hungría, Indonesia, Israel,

México, Holanda, Noruega, Corea, África del Sur, el Reino Unido y los Estados Unidos se irradian algunas especias, en vez de ser fumigadas. El volumen de especias y sazonadores vegetales secos que se tratan mediante radiaciones ha aumentado significativamente a nivel mundial alcanzando 60,000 toneladas en 1997. Solo en los Estados Unidos, se irradiaron 30,000 toneladas de estos productos en 1997, en comparación con las 4,500 toneladas de 1993.

VI.- PROCESOS DE CONSERVACIÓN DE ALIMENTOS POR FERMENTACIÓN Y ENVASADO AL VACÍO.

6.1 Fermentación.

La fermentación es un proceso catabólico de oxidación incompleta, totalmente anaeróbico, siendo el producto final un compuesto orgánico. Estos productos finales son los que caracterizan los diversos tipos de fermentaciones.

Los alimentos fermentados son aquellos cuyo procesamiento involucra el crecimiento y actividad de microorganismos como mohos, bacterias o levaduras (hongos microscópicos). En esta categoría se encuentran el yogur, el miso, el kimchi, el chucrut y otros. Esta actividad de fermentación permite que los alimentos modifiquen su sabor al mismo tiempo que aumentar su vida útil (permitiendo su conservación).

La fermentación en alimentos seguramente fue descubierta en forma accidental, y gracias a esto se han podido conservar alimentos por largos períodos de tiempo. En la actualidad consumimos una gran variedad de alimentos que han sufrido un proceso de fermentación y que son familiares, ejemplos de ello son: el vino, la cerveza, la salsa de soya, el vinagre, los quesos, el yogur y el pan.

En la industria la fermentación puede ser oxidativa, es decir, en presencia de oxígeno, pero es una oxidación aeróbica incompleta, como la producción de ácido acético a partir de etanol. Las fermentaciones pueden ser: naturales, cuando las condiciones ambientales permiten la interacción de los microorganismos y los sustratos orgánicos susceptibles; o artificiales, cuando el hombre propicia condiciones y el contacto referido.

6.2 Alimentos envasados al vacío.

Al envasar un alimento al vacío, extrayendo el aire que lo rodea, se consigue que se conserve más tiempo sin alterar sus propiedades.

El vacío es un modo de conservación de alimentos muy práctico y sencillo. Se trata de extraer el aire que rodea al producto que se va a envasar. De este modo se consigue una atmósfera libre de oxígeno con la que se retarda la acción de bacterias y hongos que necesitan este elemento para sobrevivir, lo que posibilita una mayor vida útil del producto. El envasado al vacío se complementa con otros métodos de conservación ya que después, el alimento puede ser refrigerado o congelado.

Al conservar los alimentos al vacío no se alteran las propiedades químicas ni las cualidades organolépticas (color, aroma, sabor) a excepción de la carne, cuyo color se ve alterado al envasarla de este modo. Por este motivo, en ocasiones se confunde con una carne en mal estado. Esto se debe a que la carne al vacío no posee el color que el consumidor espera y que relaciona con una carne fresca, lo que muchas veces provoca rechazo. Cuando la carne se envasa al vacío adquiere un color púrpura, aunque su aparición sólo se debe a la ausencia de oxígeno. Al abrir el paquete y exponer la carne de nuevo al oxígeno, ésta vuelve a recuperar su color rojo brillante original.

Por otro lado, el color que posee la carne en mal estado, en realidad, es de color marrón apagado debido a la oxidación (envejecimiento), por estar mucho tiempo expuesta al aire. Es importante que antes de preparar una carne envasada al vacío, se deje reposar abierta una media hora para que, en contacto con el oxígeno, recobre su color característico.

Existe una gran variedad de hortalizas y verduras denominadas de cuarta gama. Éstas se caracterizan por ser productos que se pueden consumir sin preparación previa o con una elaboración mínima. Estos envases, que suelen contener rábanos o ensaladas pueden estar perforados para evitar la condensación o pueden estar cerrados al vacío, como es el caso de las patatas hervidas o la remolacha, entre otros. De este modo se consigue aumentar considerablemente la vida útil de estos productos. El caso de los pescados al vacío es más conocido ya que los ahumados se conservan principalmente por este método.

El pescado envasado de esta manera permanece en buen estado durante más tiempo pues al extraer el aire en su totalidad se reduce el riesgo de proliferación de bacterias. Además, otros productos del mar, como el pulpo o los salpicones de marisco, entre otros, están cada vez más presentes en el mercado en este tipo de envase, y cada vez más envasados en atmósferas protectoras.

No obstante, no son los únicos productos que se pueden encontrar así, ya que el café, el queso, el paté o el foie-gras, entre otros, han encontrado en el vacío un excelente modo de conservación. Sin embargo, los alimentos envasados al vacío también tienen sus limitaciones. Si no se almacenan en el frigorífico (o en el congelador), pueden verse contaminados por una bacteria, el *Clostridium botulinum*, que no precisa oxígeno para sobrevivir, y que, si estuviera en el alimento previamente, en el envase al vacío encontraría las condiciones óptimas para su crecimiento.

6.3 Atmósfera modificada o protectora.

Por medio de un sistema de atmósfera protectora, los alimentos frescos se conservan en una atmósfera distinta a la del aire. Este cambio es eficaz para disminuir el crecimiento microbiano, reducir la velocidad de respiración de los productos y evitar el marchitamiento de los vegetales debido a la acción del oxígeno. Los vegetales envasados en atmósferas protectoras (ensaladas, patatas y champiñones, entre otras) no adquieren el tono pardo característico del marchitamiento (pardeamiento enzimático), por lo que resultan más atractivos para el consumidor.

En la atmósfera modificada se disminuye la concentración del oxígeno y se aumenta la concentración de otro gas (nitrógeno o dióxido de carbono). El dióxido de carbono retrasa el crecimiento de los microorganismos que crecen a temperaturas de refrigeración e inhibe la respiración del producto. El nitrógeno es un gas inerte que reemplaza a otros gases, reduciendo su concentración. Pero la atmósfera modificada no reemplaza a la refrigeración, lo que obliga al productor, al transportista, al vendedor y al consumidor, a respetar la cadena de frío para mantener la frescura del alimento y evitar el incremento microbiano.

REFERENCIAS BIBLIOGRÁFICAS

Aguilar M. J. (2012). Métodos de Conservación de Alimentos. Red Tercer Milenio.

Alonso C. C.; Álvarez L. I.; Björkroth J.; Capita G. R.; Catalá M. R.; Cocero A. M. J.; Cocolin L. S.; Diez M. A. M.; Gavara C. R.; Gómez E. J.; Guamis L. B. (2010). Nuevas Tecnologías en la Conservación y Transformación de los Alimentos. Instituto Tomás Pascual Sanz para la nutrición y la salud. Universidad de Burgos. España.

Gutiérrez C. D. A. (2011). Elaboración de Conservas Alimenticias. México: Colegio de Bachilleres del Estado de Sonora.

López R. J. I. 2012. Procesos de Conservación de Alimentos. 3ª Ed. México: Colegio de Bachilleres del Estado de Sonora.

Oriego A. C. E. 2003. Procesamiento de Alimentos. Centro de Publicaciones, Universidad Nacional de Colombia.

Printed by Books on Demand GmbH, Norderstedt / Germany